U0211098

十三种闻树的方式

Thirteen Ways to Smell a Tree

〔美〕
戴维·乔治·哈斯凯尔——著
David George Haskell

陈伟——译

人民文学出版社

著作权合同登记号　图字 01-2022-6536

图书在版编目(CIP)数据

十三种闻树的方式／(美)戴维·乔治·哈斯凯尔著;陈伟译. —北京:人民文学出版社,2023 (2023.7重印)
ISBN 978-7-02-017588-8

Ⅰ.①十… Ⅱ.①戴… ②陈… Ⅲ.①树木—普及读物 Ⅳ.①S718.4-49

中国版本图书馆 CIP 数据核字(2022)第 218634 号

责任编辑　付如初　汪　徽
装帧设计　刘　远
责任印制　王重艺

出版发行　人民文学出版社
社　　址　北京市朝内大街 166 号
邮政编码　100705

印　　刷　北京盛通印刷股份有限公司
经　　销　全国新华书店等

字　　数　73 千字
开　　本　880 毫米×1230 毫米　1/32
印　　张　6.125　插页 1
印　　数　8001—11000
版　　次　2023 年 1 月北京第 1 版
印　　次　2023 年 7 月第 2 次印刷

书　　号　978-7-02-017588-8
定　　价　49.00 元

目 录

戴维·乔治·哈斯凯尔兼收并蓄、才华横溢、文笔优美，重新唤起了我们对气味的记忆，提醒我们人类的生活是如何与树木的奇迹交织在一起的。这本书是一份不可错过的馈赠。

——彼得·克雷恩爵士（Sir Peter Crane），

英国皇家学会院士（FRS）

《十三种闻树的方式》是一次穿越森林、调动感官的气味之旅。每一章都会唤起一种新的气味：落叶和木烟、松脂和单宁、奎宁和月桂叶——每一种生命都有其光辉灿烂的复杂性。戴维·乔治·哈斯凯尔是一位博学且有趣的伙伴，他牵着我们的手，带领我们周游世界，提醒我们呼吸和感受整个世界。这本书就是一股新鲜空气。

——卡尔·弗林（Cal Flyn），

《荒岛》（*Islands of Abandonment*）一书作者

致无处不在的老师们，

包括人类及人类之外的事物

序

树木的气味？多奇怪的话题。然而，尽管我们很少意识到这一点，树木及其气味却时刻弥漫在我们的日常生活中。每一种气味都邀请人们进入树与人之间相互联系的故事。一杯茶散发出的宜人香气揭示了茶叶的特性和产地。咖啡和巧克力的美味香气来自烘焙发酵的树籽。坚果和橄榄油的浓郁香气将树木带到我们的餐桌上。冬至假期的丁香、无花果、石榴、冷杉枝和圣诞树则将果园和森林的气味带进我们的家中。无论是在城市的街道上还是在树林里，只要我们走出家门，都能闻到树木的气味。等到下雨时，我们会沐浴在树木的气味中——雨滴其实是由树木传送到天空中的芳香分子聚合空气中的水汽形成的。

放慢脚步，嗅闻树木会带给我们感官上的愉悦并刺激我们的好奇心。为什么这棵树闻起来是这样的？通过追踪这种气味，回溯到它的生态和文化根源，我可以学到什么？通常，我们会了解一个关于我们与外物关联的故事。没有哪种生命是孤立的。我们总是与其他物种关联在一起。而气味则提醒我们，这些赋予生命的联系是如此多样。

嗅觉往往是最容易被忽视和抑制的感官，但它在外部世界与我们的记忆和情感之间提供了最快和最深的联系，并且活化了所有其他感官。抽动你的鼻子，准备好与我们的表亲——树木建立一种感官关系。这是一种多重的感官体验，所以让你的耳朵也做好准备。小提琴家及作曲家凯瑟琳·莱曼（Katherine Lehman）创作了一些短小的音乐作品，每一个作品都是与文本的互动和伴奏，神奇地再现了树木通过各种感官的存在形式和能量，以及我们与它们的关系。你可以通过网址 https://soundcloud.com/katherinelehman/albums 以及本书的英文有声书欣赏这些音乐作品。

Ⅰ.
欧洲七叶树

英国西约克郡利兹市，

美国科罗拉多州丹佛市

年代：约1930年

HORSE-CHESTNUT，THE ‘CONKER TREE’

Leeds，West Yorkshire，and Denver，Colorado

我弯下腰，从草坪上拾起一个带刺的绿“球”。球的外壳上有三条裂缝，我把拇指按进其中一条缝，将外壳掰开，只见里面端坐着一颗油光发亮的欧洲七叶树种子，头戴一顶暗淡的奶油色“帽子”。此刻，我身在丹佛的一座城市公园中，但当我的拇指剥开保护性的外壳，露出里面的种子时，一股气味将我带回儿时在英国的树。我回想起的不是普鲁斯特式的玛德琳蛋糕，而是欧洲七叶树。

这场时间旅行由诸多感官推动。带刺的果壳托在手中。种皮的光泽映在眼前。最重要的是，当我把欧洲七叶树种子放入手心时，各种气味以奇特的方式结合在了一起：绿色的果壳上仿佛升起一碗“气味沙拉”，一股脑钻入我的鼻腔，其中有潮湿的、植物特有的气味，同时也混合着变为棕色的裂缝和刺尖散发的如同堆肥的刺鼻气味。欧洲七叶树种子的气味来自单宁，类似冲泡过久的茶。我还闻到一丝辛辣、油腻的类似自行车链条油的气味。这些苦涩的气味无疑是在警示：别想吃我。最后，当我剥开果壳，闻了闻空壳时，我闻到一股苹果核和水果味口香糖的气味，湿润而甜蜜，然后气味逐渐消散，分解成淡淡的叶子味。

形容词和比喻可以描述数十个，或许数百个芳香分子在片刻间留给人的印象。然而，体验这些芳香却不需要任何语言。小时候和妹妹以及表亲们一起玩耍，我总喜欢跑回到姨妈和姨父家附近那棵巨大的欧洲七叶树下，将“宝藏”塞满口袋。

我们能体验这种飞速而鲜活的气味之旅，得益于我们的神经线路。当鼻子向大脑发送信号时，它会经过许多过滤器和处理中心，这些过滤器和处理中心会提取和解释我们对光线和声音的感知。嗅觉则会直接进入记忆和情感，它的信息由神经传递到大脑内负责情感记忆的区域。只用闻一闻……记忆就会让我们瞬间挪移到其他时间和地点。加热后的肉馅饼的香味：想起在朴次茅斯我祖父母家电视上挂着的圣诞彩灯。一盒杀蛞蝓剂的刺鼻气味：想起在哈罗盖特我外祖父母家车库里的架子，高度刚好超过小孩子伸手可及的范围。酒吧里散发着酵母般的木材味的吧台：想起在伦敦大学时期的好友聚会，共度考试后的欢乐时光。未开裂的欧洲七叶树果实：想起在利兹的一个阳光明媚的秋日，我的口袋里装着沉甸甸的“宝藏”，和妹妹以及表亲们在树下嬉戏玩耍。

我还记得，在丹佛的公园里，欢乐一旦延期就意味着失去。仅仅几天后，欧洲七叶树种子的光泽和刺鼻的气味就变淡了。几个月后，种子变干、皱缩，失去令人愉悦的手感。一年后，我堆放在玩具火车的储煤车厢里的一小把光亮的欧洲七叶树种子变得又皱又瘪，就像晾干的豆子一样。

就连拿欧洲七叶树种子嬉戏打斗的欢乐也是短暂的。我们在光滑的种子上钻孔，要么用穿肉扦把种子穿起来，要么用从父母的工具箱里偷来的锥子钻孔，操作时尽量注意不刺到手。我们还尝试把少许种子浸泡在醋里，相信校园传闻中说的“酸性洗礼”可以使果实变硬，更适合打斗游戏。我们用鞋带把种子穿起来，然后用这些种子“弹药”相互攻击。体型胖的最先被淘汰出局。皮包骨的瘦子则占上风：他们很难被击中，而且其迅猛的攻势足以击溃对手。但没有一个人能连续挺过好几轮，这让我们对精心准备期待最终夺冠的希望大打折扣。而穿挂在绳子末端的欧洲七叶树种子不停地摇摆、碎裂，白花花的种仁闻起来一股肥皂味和苦味。相比于战斗的破坏性结果，期待和希望反而更激动人心。

气味把童年的欢乐和失望从我内心的阴郁中抽离出来，唤起了四十年来这些从未进入我意识的思想和感受。

气味带领我进入内心，进入记忆，也进入与其他生物的直接身体接触。一棵树的某些部分——植物细胞中产生的、现在飘散在空气中的分子——不请自来地进入我的体内，并与我的细胞膜结合。当我把这些闯入者吸入肺部时，其中一些还会溶解在我的血液中。这棵树就在我的身体上和身体里，它的一部分紧贴着我，在我的体内游动。视觉和听觉彬彬有礼地运用"中介"——光子和声波——将我们与外物联系起来。但嗅觉并非如此，它是所有感官中最粗鲁的。

这种联系也具有生态性和历史性。我现在在丹佛嗅闻欧洲七叶树的种子，但这种树其实是在另一个大陆——欧亚大陆上演化出来的。四百多年来，园艺家一直在往美国引入外来物种，他们认为这些外来物种比本土植物更美或更有用，这是植物学殖民主义的一种形式。科罗拉多州并不缺少壮丽的树木，但这座公园的一部分都被这种外来树木的宽阔树冠所覆盖。在利兹，我也收集了一位"移民"的遗物。欧洲七叶树是在17世纪早期由园艺家从巴尔干半岛带到不列颠群岛的。这种树长着饶有趣味的掌状复叶（小叶五至七枚），春有繁花，夏有浓荫，秋有硕果，种种优点使得欧洲七叶树成为公园和花园种植的首选，尤其是在维多利亚时代。欧洲大部分地区亦然。在德国，公园和其他诸如啤酒花园[1]的户外聚集场所经常用欧洲七叶树遮阴。如今，欧洲七叶树在英国和北欧的公园和花园里随处可见，以至于我们忘了它其实是一个在别处演化的物种。其种子的苦涩和气味是为了防止欧洲南部的田鼠、松鼠、鹿和野猪采食。

因此，欧洲七叶树种子的独特气味一部分是对树木与其哺乳类捕食者之间争斗的记忆。这种防御性的化学物质让种子产生刺鼻的气味，也许还能阻止象鼻虫和其他昆虫。现在，人类将这些生态斗争中的“武器”入药。经仔细测算剂量的欧洲七叶树果实提取物可以刺激血液流动，以及缓解水肿。这种树，踪迹遍布希腊色萨利的山脉到英国的城市公园，再从这些地方以气味和药物的形式抵达我们的血液。

---

① 啤酒花园（Beer Garden，德语为 Biergarten）在德国很普遍，起源于巴伐利亚，指提供啤酒、餐食的一片户外场所，通常附属于啤酒厂、酒馆或餐馆，一般是在树荫下放置许多桌椅，供食客喝酒、吃饭。在城市里，有些餐馆在店外街上支起阳伞，也可以称作啤酒花园。——编者注（本书脚注若无特别说明，均为编者注）

我把大部分欧洲七叶树种子留在长满青草的公园里，让丹佛的孩子们去发现。不过，我举起这其中一枚闪闪发光的“森林之眼”到鼻子上，然后把它塞进了口袋。

Ⅱ.
美洲椴

纽约市哈林区

年代：1908年

AMERICAN BASSWOOD

Harlem，New York City

夏季第一个温暖的白天到来时，我们打开了窗户。这座城市的空气顷刻间流入闷热的室内，我尝到了汽油的烟味、酸味和油味。汽油味是从我四楼公寓正下方的公交车站传上来的。这气味深入肠胃，让人直犯恶心。街对面一辆冰激凌车的发电机吱嘎作响，从白天一直响到深夜。冰激凌车在下午和晚上的大部分时间都停在那里，利用破旧的发动机为孩子们提供冷饮甜食。排出的废气则四散开来，黏入了我的鼻腔，这些废气实在令人作呕。

这些都是大多数现代人所熟悉的气味。无论煤炭、石油、木炭、木材、柴油和汽油在哪里燃烧，污染物都会流入我们的肺部。排气管和烟囱并不能清除我们的发动机排出的有毒气体，它们只是将这些气体扩散到了数百万人的肺部。这些颗粒在我们体内聚集，有些会进入血液，毒害我们的器官，在我们的大脑中积累。在全球范围内，化石燃料燃烧产生的空气微粒物每年导致上千万人早死。打开哈林区公寓的窗户，我们与数亿人的感官体验紧密相连。胸口发闷，鼻子里是焦油味，喉咙后是酸味。和欧洲七叶树种子的味道一样，这种气味不禁让人想起20世纪70—80年代的伦敦，当时的空气污染虽然不及20世纪50年代的“豌豆汤”雾霾①，但比今天的污染程度仍要高五倍。在户外，只要靠近一条公路，就会沉浸

① “豌豆汤”雾霾是一种非常浓厚的雾霾，呈淡黄色、绿色或黑色，其主要成分包含煤烟微粒和有毒气体二氧化硫。这种浓雾霾对于老年人、儿童和有呼吸系统疾病的弱势人群危害极大。最致命的“豌豆汤”浓雾出现在1952年的伦敦，许多人因此死去。为此，英国国会于1956年通过了《清洁空气法》，决心以法律手段治理雾霾问题。

在废气的气味和味道中。而我们的健康状况也会将这些记下来。几十年后，经对比发现，20世纪70年代曝露于严重空气污染的英国人，健康状况要比那些呼吸清新空气的人差得多。伦敦空气污染的经历一直“活”在我们的细胞里。

在哈林区六月的一个早晨，蜂蜜和野玫瑰的香气从窗外窜进来。一丁点柠檬皮的芳香紧随其后。树木的香气压倒并征服了有毒的燃烧烟雾。

整整一周，街道上的空气都被美洲椴的花香浸润。盘绕在我们内心的结松开了。

高大的美洲椴给我们带来了芳香的愉悦。它们扎根于一个路边公园，与我们的窗口相隔四个机动车道宽的距离。美洲椴的花成簇地高挂在树冠上。不过有几簇花序低垂下来，让我们得以看清它们奶油色的星状形态。这些数以万计的花朵释放着它们的化学“魔法”。与之并列的是原产于英国和西欧的欧洲椴①，几乎还没有小树苗那么高，它们的淡淡甜香也

① 原文为“lime trees”，在英语中，“basswood”和“lime”均指椴树，区别是原产于美洲的树种多用“basswood”，而原产于欧洲大陆和英国的树种多用“lime”。——译者注

加入到这场混合气味盛宴中。这两个树种其实是近亲，而它们的香味结合在一起，让整个社区沉浸在幸福之中。

我们在呼吸这些芬芳的馈赠时感受到喜悦，不仅仅因为我们从典型的城市气味的单调和不快中解脱了出来。这些树木的分子进入我们的细胞和血液，让我们从内心开始平静。长久以来，药剂师一直使用由美洲椴和同属的欧洲椴的花或叶制成的酊剂和茶来安神宁气。生物化学研究也得出了同样的结论。这种树的分子有止痛作用，可以舒缓我们的痛觉神经。正如汽油废气会从肺部流入血液和细胞一样，这些树木的香气也会如此。当花香进入并拥抱我们时，树木仿佛在我们焦虑的额头上放下了一只安神的绿手，使痛觉神经通路平静下来，并将它们的香味编织到我们中枢神经系统的缝隙中。我们呼吸着这棵树，再无烦恼。

事实上，我们能闻到美洲椴的花香并对其做出反应，这反映了我们与昆虫的亲缘关系。美洲椴的香味是为了吸引蜜蜂和其他昆虫，而不是我们，这是一种通过过去的自然选择建立在其基因和生理中的意图。尽管我们的神经与昆虫分离了六亿多年，但我们彼此的神经有着相同的细胞结构，都是从更古老的动物祖先那里遗传下来的。这种相似性使我们能够检测并享受美洲椴发送给授粉蜜蜂的信号：我们通过许多相同的细胞机制检测到香气。许多其他树木的香气也是如此：李子、苹果、木瓜和木兰。有一些树种，例如木瓜，会引诱喜欢腐肉的苍蝇。当然，我们也会检测到这种气味，但人类作为挑食者的进化背景告诉我们要远离腐肉。

六月下旬，哈林区的美洲椴花落了一地，这座城市再次向我们宣示了它对感官的控制：一片浓雾。但这树的存在并不会被轻易移除。欢乐，尤其是意料之外的感官之乐，是强大的记忆伪造者。此刻，在多年之后又想起美洲椴，我仍能感觉到这种树在我内心留下的平静的、如玫瑰般的触感。

Ⅲ.
美国红栌

科罗拉多州博尔德

年代：1980年

GREEN ASH
Boulder，Colorado

在人行道和一栋郊区住宅之间的狭窄草地上，我跪立在一堆新鲜的木屑前。我捧起两把木屑凑到鼻子上，体验到一阵湿绿色的香气：类似切碎的生菜和芦笋，伴随着淡淡的单宁味。四个小时之前，一棵美国红梣[①]还矗立在这里。而现在，它的树干和枝叶都被一个树木工程队拖走了。树桩研磨机旋

① 又名洋白蜡或毛白蜡，树姿优美，秋叶金黄。我国引种栽培已久，分布遍及全国各地，多见于庭园与行道树。—— 译者注

转的锯齿将树干底部和根系上部粉碎成一堆锯末。地上一圈金黄色的树叶标记着树冠的范围，而这一印记将在傍晚被一扫而光。

我低下头，再次吸气。我闻到茴香和一点菌菇土的味道。气味很强烈，好似我正张嘴潜游其中。一下子，美国红梣多年来慢慢积累的香气都被释放到空气中。

沿着街道往下走，今天又有三棵美国红梣倒下了。并且最近，在北美洲各地，有数亿棵美国红梣被砍倒了，而这都是一种名为白蜡窄吉丁的甲虫所造成的。白蜡窄吉丁的成虫呈菱形，身披闪闪发光的祖母绿色甲壳，体长约为人类指甲长度的一半。当太阳照在它们身上时，其绿色的甲壳和翅膀罩上会闪耀出铜绿色和金色的光芒，真可谓“宝石破坏大王”。白蜡窄吉丁在树干上完成交配后，雌虫会把斑点状的卵插入树皮的缝隙中。卵孵化后，幼虫会往内里挖洞，穿透坚硬的树皮，进入树体里面甜美、营养丰富的活细胞中。幼虫会留驻在树皮下方的这一层，以挖掘隧道的形式一边向前移动，一边咀嚼树木的组织。许多这样的隧道组合起来，足以环绕一棵树，切断正常情况下在树皮内侧进行的糖分和其他养分的运输过程。受感染的树木会从内部窒息，一两年内就会死亡。剥掉枯死树体上的树皮，蛀虫啃噬的隧道看起来就像数百名喝醉的溜冰者滑行的路径，暴露的木头上到处都是它们歪歪扭扭的刻痕。

北美洲有许多以木材和树皮为食的本土甲虫。但是，疾病和啄木鸟及其他鸟类的取食在大多数情况下足以控制虫害的规模。然而，白蜡窄吉丁是最近才出现的，几乎没有经历过控制本土甲虫种群的生态限制。由于在本地几乎没有天敌，白蜡窄吉丁得以肆意繁殖和传播。这种甲虫可能是经横渡太平洋的集装箱带来的，在侵占密歇根州东南部的一小部分地区之后，它们在短短十多年的时间里，就从城市和森林中清除了这种原本在北美洲很常见的树木。美国红梣如今很少见，或者说在它们曾经广泛分布的大部分地域内都已不见踪影。在一些地方，定期喷洒杀虫剂可以让甲虫远离特定的树木。不过，大部分的美国红梣已经消失了。

这些美国红梣近乎灭绝的下场，为英国白蜡可能出现的情形埋下了令人恐惧的伏笔。白蜡窄吉丁已经蔓延到了俄罗斯，而且正在向西移动。英国的树木可能会遭遇与美国的树木相同的命运。而且一种真菌加剧了危险。这种足以杀死树木的真菌于2012年从亚洲传入不列颠群岛，将要感染生长在英国森林、公园、花园和城市中的1.5亿棵白蜡树，包括路边的400万棵。经济损失预计高达150亿英镑，但对于一种树来说，比如美国红梣，生态损失是无法估量的，它是其他物种赖以生存的中心。尽管树木演化出的生理防御机制可以抵挡本土的真菌入侵，但这种新的真菌似乎能避开这种防御。

在美国红梣被砍掉的第二天早上，我回到街道上的树桩旁。磨碎的木头气味已经很淡了。我闻到了新翻整的土壤味道，以及一丝昨天的青草味。

美国红梣叶片的柔和香气，与橡木的锐利和松树的辛辣相得益彰，然而再也不会贯穿在这片街区。沿路两旁的房屋没有了遮蔽。郁郁葱葱、夏绿秋黄的树冠已经消失了。美国红梣的消失也挫伤了林产品贸易。在北美洲，一个极具文化意义的损失是制作棒球棒的木材。美国红梣是一种强度高、重量轻的木材，曾经是制作棒球棒的首选材料。美国红梣木球棒撞击棒球的声音曾响遍美国。但现在，声音变了。叮当作响的铝制球棒成为主导，而其他木材的球棒在击球时只会发出喑哑、浑浊的声音。或许这只是一个很小的变化，但这是木制品，尤其是家具、橱柜、地板和木工制品在整个商业领域消失的一个征兆。人类的手工艺、工业和生计现在必须建立在日益狭隘的生态基础上，这是一个持续恶化的过程，因为一个又一个本土树种被外来的病害或昆虫清除或毁灭。在美国，迄今为止的损失包括栗树、榆树、铁杉和白蜡树。在英国，6000万棵榆树因真菌感染而死，病害现在又威胁到了白蜡树和橡树，还有恼人的昆虫正在侵害白蜡树、桦树和云杉。

这些人类感官可知的损失揭示了一种更重要的生态损失。树木是生命的熔炉，现在已经消失了。以美国红梣叶片为食的本地蛾类毛虫必须找到其他宿主，从树上找寻食物的潜叶虫、蚜虫和其他昆虫也必须找到其他宿主。而这些昆虫中的大多数很可能都找不到——一种常见树种的消失无法轻易、快速地通过种植或其他树木的再生来弥补——因此，一种树的消失会松解和削弱此地生命网络中的一部分。可以从树叶上啄食的毛虫和其他昆虫没有了，候鸟也不得不更拼命一些，这样才能为它们从热带飞往北方森林的迁徙之旅补足能量。

当美国红桦被砍倒时，我感受到的香气流动是树木语言的一部分。人类的鼻子“偷听”树叶、树干和树根向群落其他成员发送的化学信息。植物细胞会向空气和水中释放分子，它们的表面布满了接收外来信息的受体。人类对各种香味的称呼，诸如“叶香”“刺鼻”“苦涩”或“松香”，是对植物传递的复杂且不断变化的分子混合物的拙劣翻译，这些分子混合物在植物间传递，或是由植物传递给其他生物，如土壤中的微生物和飞过的昆虫。每个分子就像一个单词。从一片叶子上飘出的十几个分子是植物诉说的语句，植物想要表达的含义就写在有机化学的语法中。从早上到下午，从春天到秋天，气味混合物的性质不断变化，这是充满交流意义的叙事弧。即便运用最先进的实验室设备，我们也只能解析这种语言的一小部分：从根到微生物的信号，启动合作联盟；一片受伤的树叶发出一阵警报，提醒邻居；以及叶片发送给掠食性昆虫的求助声，一个联合对抗草食动物的伙伴关系。

闻一棵树就是加入这场对话，尽管这场对话用的是一种奇怪的语言，有许多隐藏的微妙之处。尽管它很复杂，但这种语言并非完全无法理解。我们人类的祖先在森林和草原上生活了数百万年，所以我们的鼻子也懂得了植物香气的某些含义。在健康树木的气味中，我们会感到宾至如归。茂盛树木的叶香意味着水土丰饶、裨益身心。缺少这样的镇定剂则令人感到不安。

当一棵树被拖走，光秃秃的街道上只有湿沥青和树木工程队的旧卡车泄漏的机油味时，我们的身体明白，生物联系、生命力和可能性都丧失了。通过生态美学 —— 对感官感知的欣赏和思考 —— 我们被周遭其他物种的故事所吸引，其中既有相互联系的故事，也有彻底失去的故事。

Ⅳ.
金汤力

世界各地

年代：19世纪70年代

GIN AND TONIC

Worldwide

在你的手心：一个高球杯，外面挂着凉爽的水珠。把它举到灯光下：冰块和晶莹的气泡，也许还有一层阴影，因为你往里头加了一片酸橙。

在你的鼻腔：充满全球化贸易带来的芳香。吸气：最强烈的气味是常见的杜松子刺鼻的草本气味，这是北半球分布最广的树种之一——杜松——充满活力的气味，最早由英国、法国和荷兰的酿酒师添加到金酒[1]中。此外，还有酸橙汁的味道，略带一点甜橙味，但主要是扭曲的酸橙皮散发的明显而苦涩的油味。这种水果的果树，是原产于喜马拉雅山麓的野生祖先的后代。最后，当你把杯子举到唇边时，来自南美洲的金鸡纳树树皮中的苦味奎宁会随起泡的汤力水喷入你的鼻孔中。

你的饮品是殖民主义的混合产物。在印度的英国人服用奎宁以防疟疾发热。但是单独喝奎宁是一剂苦药。金汤力因此诞生了，它是通过将药物溶解在汤力水中，然后加一些金酒搅拌而成的。一点糖和一片酸橙可以增加风味和香气，尤其是当酸橙皮稍微扭曲释放出储存的油脂时。金汤力的“皇家三驾马车”：杜松、金鸡纳和酸橙。

杜松被加入酒饮中是因其具有调味和防腐的特性。几个世纪以来，杜松子的涩味油为北欧的肉类、啤酒和烈酒调味

---

① 金酒（Gin），也称杜松子酒。这种酒以谷物为原料，经发酵与蒸馏制造出中性烈酒基底，再与以杜松子为主的多种药材与香料成分一同蒸馏而成。金酒的名称源自主要调味成分之一的杜松子。

并延长保存期。在英国，杜松子尤其适合做野味和热红酒。金酒是从谷物中蒸馏出来的，但风味却来自杜松子，并取名自这种树的名字——genevre，古法语中意指杜松。在18世纪的英国，金酒比啤酒还便宜，消耗也更多。1750年，英国人喝掉了1100万加仑[①]金酒，在伦敦的一些地方，每五间房子中就有一间是金酒店。金酒不可避免地沿袭了英国的贸易和战争路线。当殖民者把他们的嗜好漂洋越海带到殖民地时，杜松的香味也随之传到了其他大陆。

在热带地区，金酒很快找到了一个森林搭档。南美洲金鸡纳树树皮中的生物碱可以制成一种可供输液的药物，通过杀死患者血液中的许多疟疾寄生虫来缓解疟疾发热。这个地区的土著人都知道这种树皮的药用价值，殖民地的耶稣会士在17世纪就知道了树皮的功效。后来，南美洲的西班牙殖民者发展并垄断了树皮贸易。卡斯卡里列罗（cascarilleros，西班牙语），也即“树皮工人”，在森林里分队劳动。在找到一棵金鸡纳树后，他们剥掉覆盖在树上的藤蔓，去掉对他们

---

① 加仑为体积单位，分英制加仑和美制加仑。1英制加仑约等于4.5升。

没有价值的坚硬外皮，然后砍倒这棵树。树木落地后，卡斯卡里列罗将具有药用价值的内层树皮切开并剥下，待干燥后捆成大包运走。两个世纪以来，西班牙控制着树皮贸易，将其运往疟疾横行的欧洲和其他殖民地。向碳酸水中加入低剂量的奎宁时，奎宁会变成一种略带苦味的饮料，气泡嘶嘶作响，会让它变得活跃。1858年，伊拉斯莫斯·邦德（Erasmus Bond）将其“改良带气汤力水”作为消化辅助剂和提神饮品申请专利，并在英国上市销售。19世纪60年代，广告扩展到了英国殖民地，这种饮品在那里更是被吹捧为一种可治疗消化问题和帮助退烧的药物。

西班牙自17世纪开始出口树皮，其需求随着殖民地扩张继续激增。南美洲的野生金鸡纳树种群大量减少。由于树皮的稀缺性和巨大价值，英国、法国和荷兰的植物学家最终发现了金鸡纳树种子并将其走私到欧洲。此后，欧洲园艺家在亚洲殖民地，特别是19世纪的爪哇建立了种植园。化学家分离出了活性化合物——奎宁，并掌握了其提取的工艺。种植园和工厂支撑着工业化的供应链。到20世纪初，金鸡纳奎宁全球贸易量的90%来自亚洲的荷兰殖民农场。1880年，将近300万公斤的树皮从爪哇运往欧洲。然而，价格的波动摧毁了许多种植金鸡纳树的农民，导致1913年生产者、加工商和买家之间达成了一项“奎宁协议”，为金鸡纳树皮设定了最低价格。这是世界上第一个制药企业联盟。在20世纪40年代新的合成抗疟疾药物发明出来之前，奎宁一直是治疗疟疾的主要药物。

酸橙加入到酒杯里的金汤力中，也是得益于它的药效，同时也得益于人类对其酸汁的喜爱。作为抗坏血酸（维生素C）的来源，柠檬和酸橙被英国海军视为预防坏血病的首选。这些水果在船舱里保存得很好，每天来一剂可以让水手们保持健康。酸橙比柠檬含有的珍贵维生素要少，因此效果要差得多，但在19世纪初，海军对这一事实一无所知，因此，他们的船队将主要来自加勒比海地区种植园的酸橙运往世界各地。酸橙也随注入了酸橙汁的汤力水运抵各地，用于零售贸易。英国人把西印度群岛的酸橙送到印度和亚洲其他地区的殖民地，与此同时也为这些植物创造了一个意外的返乡之旅。

大约700万年前，柑橘属植物在南亚首次分化。然后，人们利用不同野生物种进行广泛的杂交繁殖，在不同地区驯化这些植物，从而创造出我们今天所知的水果。在我的金汤力中以及大部分超市中的“酸橙”，其实是柠檬（一种酸橙和香橼的杂交种，原产于印度北部）和来檬（另一种杂交种，原产于东南亚热带地区）的杂交种。

请啜饮一口，感受这集合了亚洲、南美洲和欧洲的气味和味道吧。

在我们的生活中，金汤力让我们的鼻子和味蕾感受到了全球各地不同树木的交织关联。我们坐在来自世界各地未知森林的木制家具上，阅读来自千里之外的树木种植园的纸张，住在由几十棵树重组的胶合板和木材搭建的建筑里，吃着现代全球贸易网络带给我们的水果和食用油。

挂着冰凉水珠的高球杯，是一面镜子。

V.
银杏

田纳西州塞沃尼

年代：约1930年

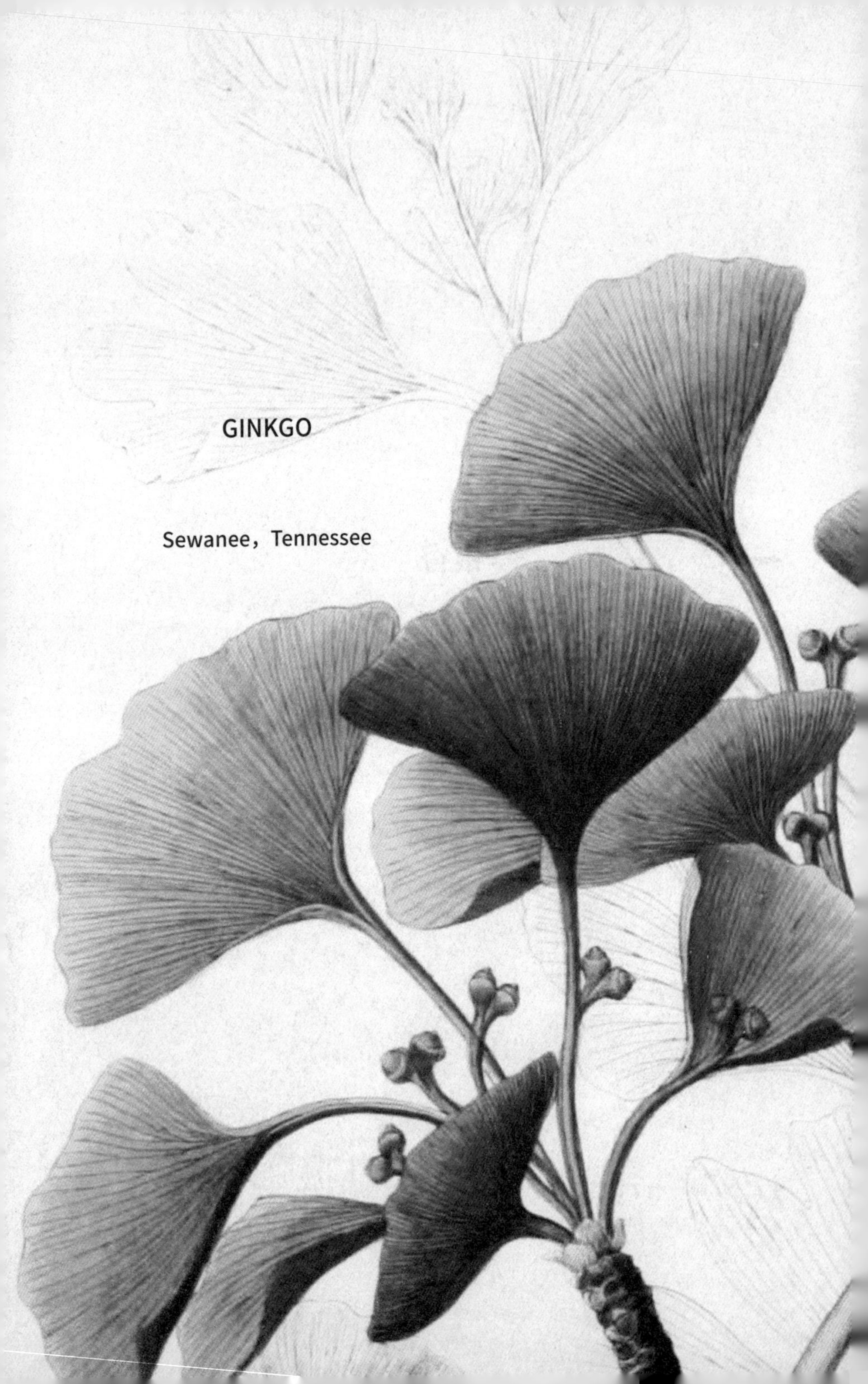

GINKGO

Sewanee, Tennessee

唉！真恶心！大学生们从一棵树伸展的树枝下经过时，爆发出一阵厌恶情绪。他们踮起脚尖，左躲右闪，一直跳到旁边的安全地带。一些人则迈着大步，仓皇逃跑。大树下的地面上满是散发着臭味的杏子状斑点。它们的出现，让平常漫不经心地步行于宿舍和餐厅之间的人一下子变得生龙活虎。

这是一棵高大的、种植于20世纪初的银杏树，对大学合院建筑美学表达了自己的不屑，它在北半球的校园和城市公园中总是如此。我喜欢它的抗争精神。在它身上展示的是无节制的繁殖力，是对整洁的校园草坪经修剪、受控制的一致性的冒犯。银杏嘲笑这种拘谨。草坪上的青草被强迫着进入一种永远没有性成熟的青春错觉，而这一效果是通过合成除草剂、工厂提供的富含氮素的肥料以及由化石燃料驱动的割草机实现的。除此之外，还经常有吹叶机来回经过。可以说，吹叶机将现代生态的荒谬发挥到了极致：燃烧死去的光合生物的残骸（汽油），以实现更多死去的光合生物（落叶）位置的微调。如此一来，这些草被禁止了肆意繁殖的样貌。合院里的其他树木也是如此。它们因端庄的秉性而被选中，其花朵和果实在草坪和小路上极少留下性器官的芳香、肉质的痕迹。

数百个糊状的银橙色小球散落在银杏树下的地面上。我闻到了一股气味：腐臭的黄油；比利山羊自夸般地把尿液喷在自己油乎乎的胡子上，因而变得恶臭不堪；呕吐物。这些散发出来的气味结合在一起形成了一堵令人恶心的墙，一种熟透和腐烂的气味。这种气味主要来自丁酸和己酸，当黄油和奶酪油腐烂，动物油中的脂肪腐烂，以及我们吐出藏在肠胃中的发酵物时，就会释放出相同的分子。难怪学生们走路去吃早餐时一阵尖叫乱跳。

银杏的气味引起了我的兴趣，不仅因为它们在当下引起的不适感，还因为它们将我的感官直接与生命的深厚历史联系在一起。银杏在大约两亿年的时间里几乎没有变化，是所有植物中最令人敬畏的谱系之一。从近三亿年前的岩石上发现的叶痕，似乎属于银杏的近亲，甚至可能是它们的祖先。两亿年前的叶片化石显示出银杏独特的扇形形状，与现在的种类几无区别。而6500万年前的化石遗迹看上去则与现在的植物一模一样。我们称这样的物种为“活化石”，但这棵树可一点儿也不像化石。事实上，它在这里比大多数植物有更丰富的感官体验，既有气味，也有令人惊叹的金黄秋叶。最早的类似银杏的植物是在二叠纪时期[①]演化出来的，当时的超大

---

① 二叠纪是地质时代古生代的最后一个纪，大约经历了4500万年，处于石炭纪和三叠纪之间（大约2.99亿年至2.51亿年前）。

陆——盘古大陆——尚未分裂。近现代形态的银杏在侏罗纪和白垩纪①时期为世界各地的森林增光添彩，并留下了大量的化石证据，证明了银杏的广泛分布和生态优势。从6500万年前的白垩纪末期到现在，银杏的野生种群数量一直在波动，但长期来看，它们先是从南半球开始减少，然后逐渐从北半球大陆消失。大约在100万年前的时候，银杏在世界范围内濒临灭绝，仅在中国西南部的一块飞地存活下来。

银杏的气味让人想起它与早已灭绝的动物之间的关系。我们不知道在过去的岁月里，到底是哪个物种传播了银杏的种子，不过有食腐嗜好的恐龙以及远古的哺乳动物和鸟类，很可能吞下了银杏种子外围散发着恶臭的果肉，然后通过它们的粪便将银杏的后代四处散播。如今，银杏的果实吸引着亚洲温带森林中的食腐豹猫、果子狸和乌苏里貉。但现在绝大多数的银杏都是人工繁殖的，或通过扦插，或在苗圃播种。

① 侏罗纪和白垩纪是地质年代中生代的两个纪，侏罗纪是中生代第二个纪，经历了5000多万年（大约2.01亿年至1.45亿年前），白垩纪经历了近8000万年（大约1.45亿年至6550万年前）。

在中国，银杏已经栽培了至少一千年。但在世界其他地方，它们主要是从20世纪才开始流行。

尽管银杏果肉的气味难闻，但种子的部分很有营养，既可用于烹饪，也可在干燥后入药。有几天早晨，我看到一对老年夫妇在这棵树下收集银杏果，那时候学生们都还没起床。他们戴着厚厚的橡胶手套，把银杏果扔进塑料桶里。他们告诉我是要烤来当零食。或许正是这对夫妇所喜爱的具有食用价值的种子，加上美丽的叶子，人们起初才将银杏进行人工栽培。我们人类已经接管了恐龙为其散播种子的工作，但气味已经被剥夺了：气味吸引动物的功能在这个新世界已经基本消失。取而代之的是，人们有意回避有臭味果实的雌株①，在苗圃里挑选雄株幼苗，或将雄株的枝条嫁接到砧木上。年长的同事告诉我，几十年来，这棵美化校园的雌株是方圆几十英里内唯一的银杏树，因此没有雄株的花粉为其授粉，也没有产生包裹在臭果肉中的种子。后来相邻的四合院中种植了一些银杏雄株，于是雌株得以受精，并结出有臭味的果球，

① 银杏为雌雄异株植物，只有经过雄株授粉的雌株才会结果。—— 译者注

这实在是校园绿化扩建未曾料想的结果。

当我走在树下时，我也想到了日本广岛被熔化的石头和金属。在核爆炸后，正是城市庙宇中的银杏树最先重生，它们常常也是唯一重新生长的生物。深厚的根系和惊人的生理恢复能力使得银杏撑过了一场足以导致其他树木全都死亡的灾难。银杏抵御攻击的能力也解释了它们何以出现在污染严重的城市街道上。这种树经受住了城市环境的化学和物理挑战，是城市园艺家的最爱。与许多其他树木相比，银杏叶的呼吸气孔相对较少，这在空气并不总是健康的环境中是一大优势。在受污染的地区，银杏叶的内部变得更厚，以保护内部的细胞。这种树还可以改变自身细胞膜中的脂肪，以承受过量的道路盐分。

银杏现在主要被用作行道树，它们的根系深深地扎在伦敦、东京、纽约和北京的人行道上。它夏日的绿色活力和秋天的迷人金色，其他行道树都无法媲美。在伦敦和曼哈顿，我经常看到人们因洒落在秋日银杏叶上的阳光而驻足。不过，在这种树常见的街道上，城市居民对其软烂果肉的气味也颇有怨言。

当我感受着脚下银杏果的黏液和鼻腔中腐烂的气味时，我的想象力被牵引到了其他地方和时代。银杏树的臭味不仅是对校园植物的整洁和无性化的花式嘲讽，萦绕在我的鼻子里的是生生不息的气味，这种气味强烈地提醒我，即使历经大规模物种灭绝、大陆分离、拥挤城市的有害空气和土壤，乃至毁灭性的核战争的动荡，树木的繁殖能力仍处于不败之地。

我停在树下，深深地吸了一口气，拥抱这充满着腐臭气息的生命之光。

Ⅵ.
西黄松

新墨西哥州圣达菲熊峡谷

年代：跨度较大，约1700—2000年

PONDEROSA PINE

Bear Canyon，Santa Fe，

New Mexico

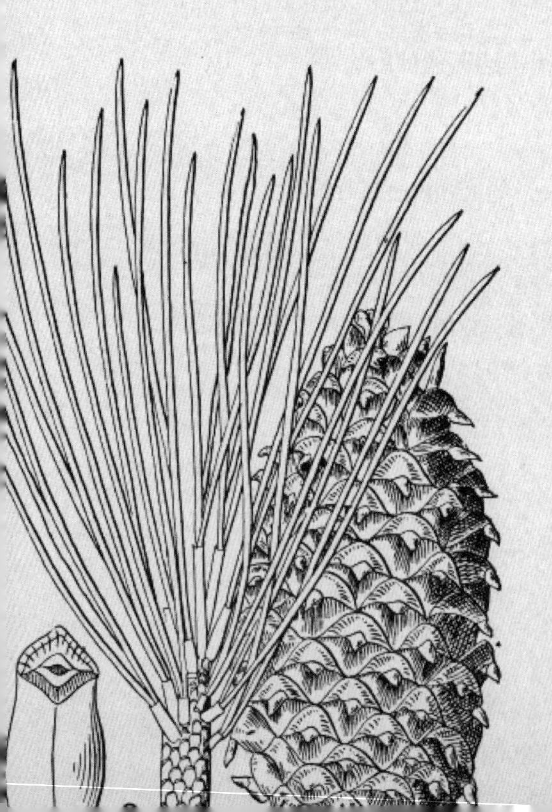

我们仿佛被蛋糕店那种如暖阳般的香气所笼罩。此刻，我们漫步在峡谷的缓坡上，松树的粗纤维使我们的脚步变得柔软。环顾四周，西黄松的琥珀色树皮把自己类似香草和黄油甜点的气味渗透到炎热的夏日空气中。今天没有一丝风，湿度也很低，正如这片干燥的地景往常的样子，因而我们的感官得以在令人愉悦的气味中遨游。西黄松以其芳香的气味而闻名，然而熊峡谷香气迎人的程度似乎超过了其他所有峡谷：热情洋溢、丰富而醇厚。不同于大多数其他针叶树紧紧地抓住自己的气味不放，只有当鼻子紧紧凑近时才显露出来，西黄松会将自己的气味散布整个峡谷中。

西黄松的趣味不仅在于其丰富多汁的花香，还因其香气揭示了每棵树的个性。每棵树都有自身独特的魅力。通过鼻子，我们得以了解这一关于树木的普遍真理。和我们一样，它们也有自己的性情和历史。大多数情况下，人类感官很难理解树的这些变化。但西黄松与许多树木不同，它并没有把自己的内在生命藏在束缚香气的树皮后面。相反，它的香气浓郁宜人，即使是最不留神的林中游客也能感受到。这给了我们一个停下来的借口，用胳膊搂着树，用鼻子贴着树皮。树儿，你叫什么名字？你有怎样的性格？

数十种挥发性化学物质的混合物赋予了每棵树气味的识别标志。其中包括单萜类化合物，它们的结构是同一类分子的不同变型，十个碳原子以环状和线状的形式结合在一起。这些模式的细微重排产生了具有不同气味的分子。蒎烯有松脂的刺鼻的涩味；柠檬烯是橘子皮的热情香气；月桂烯如同揉碎的百里香叶，令人愉悦而平静；萜烯让人联想到冷杉的针叶和比蒎烯更加醇厚的甜蜜树脂。这些以及数十种碳原子的组合变体构成了植物空中语言的一部分。此外还有各种醇类和醛类，包括我们熟悉的香草醛的温暖气味。树叶和树干散发出的每一缕气味都包含着如此多样的组成部分，可以编码数千种不同的含义和身份。

有一棵老树，树干的周长是峡谷中大多数树的两倍，与这里其他西黄松显得很不一样。它根本不产生香草的气味，而是闻起来有树脂味，像雪松，带有一股苦涩的松脂味。老树的树干从数百个虫蛀的孔洞里渗出树脂。这棵树没有散发安逸的气味，只有一种生物为了生存而使用的化学防御手段。实验室的实验证实，受逆境胁迫或受伤的西黄松会将树脂分泌物从温和的柠檬烯调整为刺激的蒎烯。这可能有助于阻止昆虫，同时也会向邻近的植物发出遇险的信号。

峡谷中的其他西黄松的香气更为一致，尽管如此，只要你离得够近、嗅闻得足够专注，就能发现每棵树与其他树的明显不同。在更为干燥、炎热的山坡上，这种树会带有酒精、单宁和皮革的味道。不过这些黑暗的气息在这里很少见，更典型的是在更往北的科罗拉多州弗兰特山脉地区的树木，在那里闻树，有时感觉就像把一杯波本威士忌举到鼻子前。那些最高大的树，树皮常被很久以前雷击留下的伤疤撕裂，有着烧热的红糖和焦糖的气味。还是说我的眼睛扰乱了鼻子，让我闻到了火的味道？年幼的树木，尤其是那些在峡谷底部供水充足的树木，散发出一种天真无邪的奶油硬糖味，没有任何遇到麻烦或危机的迹象。从我一年四季对树木的嗅闻经验来看，我知道这些是生长季的树木气味。冬天，树脂流动缓慢，寒冷抑制着芳香分子的活性。但即使在雪地里，每棵树也都有自己的特点。在一月份，对我的鼻子来说，有一些西黄松沉默不语，而另一些则在冷峻阳光下吟唱它们的芳香。

每棵树的气味都揭示了它们的血统和当地环境的性质。例如，带有柠檬味树脂的亲本树——这更常见于落基山脉靠太平洋一侧的西黄松——会将其化学倾向传给后代。正如动物的声音——鸟类、鲸和昆虫的歌声，以及人类的语言——都有地方方言，树木的声音也有地方方言。据推测，每个地区的树木都适应了当地的湿度和昆虫。在每个栖息地内，每棵树苗都会经历不同组合的土壤、水、树木邻居、草食类哺乳动物和蚜孔昆虫。通过香气表现出来的树木个性，融合了先天遗传和后天经历。

我们人类体验到的气味，是树木用来交流和防御的手段。它们飘散在空气中的分子连接着树木，传递着有关森林新闻的准确信息。敌人饥饿的下颚在哪里？用我们的方言回答我。对于某些物种来说，只有树液相近的树木才能理解特定的化学物质组合。例如，在扭叶松中，具有相似气味特征的树（最有可能是近亲）会对彼此受到真菌攻击的气味信号做出反应，但对其他树发出的信号则没有反应。就像人类特别留意和他们说话口音相同的人一样，这些树似乎能区分化学信号是来自“亲属”还是陌生的树。就这样，树木族群在森林的空气中相互耳语。树木的古老社会关系既有阴谋，也有协作，是一种卓有成效的紧密联系。我们迟钝的鼻子和理解能力还只能懂得这些对话的只言片语。

同样的分子也会使昆虫生病和死亡，切断或扰乱它们神经细胞之间的联系。如果一棵树感觉到昆虫在啃咬树干或树叶，或者收到邻近树木关于此类攻击的警报，它就会促进产生更多杀虫的化学物质。吸食树液的昆虫的天敌——肉食性和寄生性的甲虫和黄蜂——会嗅到空气中树木的防御性气味，并利用它们来捕食猎物。这些化学物质也可能向哺乳动物的鼻子发出信号，尽管是间接的。鹿、豪猪和缨耳松鼠都喜欢在香气较弱的树上觅食。

西黄松的死敌——西黄松大小蠹——为这种化学对话增添了一种巧妙的转折。进食时，它们会盗取树木的单萜，然后调整它们的化学结构，于是产生一种强大的信息素。这种经过重组的分子与其他甲虫的气味混合在一起，召唤出一群其他甲虫。这些入侵者聚集在一棵树上发动大规模攻击。西黄松大小蠹把树的盾牌变成了矛。

松树的气味在大地上传播，同时也改变着天空。每年在全球范围内，植物向空气中输送十亿吨芳香分子。异戊二烯是热带森林中最常见的一种芳香分子，这种分子略带汽油味。对于松林来说，松烯占主导地位。亿万树木向天空呼气，何等宏壮，这为降雨做好了准备。每个芳香分子在降解或被生物重新吸收之前，只会在空气中停留几个小时，但在此期间，它可以成为雨滴最先聚集的“种子”。有些分子聚集在一起，直接形成“种子”。另一些则黏附在尘埃颗粒上，使这些微粒的黏性更强，对水蒸气更具吸引力。天空一部分是由森林构成的。下次降雨时，你就知道落下的雨滴中有许多是在树木的呼气中产生的。

我在西黄松的气味中感到愉悦，这感受让我融入森林的交流中心：树木相互信任，昆虫窃听和伪造，大地与天空对话。

Ⅶ.
后视镜上悬挂的纸板树

年代：1954年获得专利

PINE TREE
HANGING FROM
THE REAR-VIEW MIRROR
Little Trees
®
Black Ice

当我们在路口快速拐弯时，挂在伦敦出租车内后视镜上的纸板树剧烈摆动。因空气摩擦，被压缩的纤维素的纤维之间散发出松树和柠檬的香味。就在这车厢内，我们感受到一股森林的气息。

不管在哪座城市，哪条高速公路上，你开上几分钟车，如果仔细观察，尤其是看看出租车、送货司机和其他职业道路战士的挡风玻璃，就会发现有一半车辆的挡风玻璃后面挂着一棵纸板树，使车内散发出香味。如今，这些挂在绳子上的树有许多香型，每一种都有自己对应的颜色和印在纸板上的图案，因此每辆汽车或卡车的气味特征一目了然。在英国和欧洲大陆，“小树”（LittleTrees）牌的“北极冰”味很受欢迎，它承诺提供一种“带有一丝柑橘味的现代清新香气”，被吹捧为“阳刚”和“户外”的气息。在美国，印着五彩祥云一般图案的“棉花糖”味将“用这种甜美的糖果、草莓和香草混合气味将你带回童年记忆”。印有美国国旗的“美国”味纸板树散发出“我们标志性的‘香草罗马’（Vanillaroma）气味”。当然咯，以一款用仿自然合成物制造出来的注册商标产品来代表美国，真是再好不过了。

一些地方的法律禁止任何东西通过挡风玻璃阻挡视线，因此这些晃晃荡荡的纸板树就成了警方让人们靠边停车的现成借口。令人惊讶的是，其中有一种香味名为“酒桶陈酿肯塔基波本威士忌的浓香”，当司机摇下车窗迎接警察时，肯定会后悔这一选择。另一方面，一种带有酒香味的空气清新剂可能会掩盖呼吸中同样的气味。我没喝酒，警官，是我的纸板树有酒味。

这些摩登小树令人愉悦的芳香多样性植根于老式的松树香味。朱利叶斯·萨曼（Julius Sämann）最早申请的专利，是浸润了油性或黏性挥发物质的吊牌、玻璃纸包装纸（cellophane wrapper）和细绳的组合。这种组合可以让手指揭开包装时避免沾到挥发物质，并使香气在揭开包装纸后从吊牌中扩散出来。申请这个专利时，萨曼打算让它带有松林的清新香味。1954年，他申请下来的第一项专利外观是一个丰满的、反弓着背的女人，这女人可能是在森林里待了太久，她身上散发着常绿树的气味。五年后，萨曼从对女性的物化退回了一步，并注册了一种松树形状的类似装置的专利。他这项发明的灵感来自一位牛奶卡车司机对洒在车里的牛奶气味的抱怨。20世纪50年代，越来越多人把时间花费在小汽车和卡车上，这是郊区化趋势的一部分，但当时鲜有方法可以控制车辆的气味。作为拥有从树木上提取香气经验的化学家，萨曼看到了将芳香分子引入汽车的机会。

后视镜上的纸板树已经停止摆动。我们陷入了交通堵塞。汽油的副产物和氮氧化物从排气管排出。当阳光照射到废气烟雾时，这些污染物会翻腾并发生反应，形成臭氧。我们的汽车内部现在展开了一场化学实验。最初来自树木的单萜烯与交通中的氮氧化物和臭氧混合在一起，也是都保存在一个封闭空间内。当化学家在实验室复制这场“实验”时，“空气清新剂”中的化学物质与污染物发生反应，产生一层由看不见的颗粒和有机气体组成的雾。这在外部的环境中也有发生。无论在哪里，交通废气（尤其是氮氧化物）与树木的芳香分子结合，就会产生臭氧，然后形成细微的颗粒物。树木和其他植被释放到空气中的芳香分子，不仅赋予森林空气特有的气味并在天空中形成雨滴，也会成为城市地区污染物混合体的一部分。

在车内，树木的香气和交通废气的混合物不仅对肺部，而且对身体的其他组织都有潜在的危害。在实验室实验中将空气清新剂与各类污染物（丙酮、甲醛、丙烯醛和乙醛）相混合产生的其他气体也是一样。不过，现实生活环境中汽车内部的纸板树能形成多少混合物、造成多大的危害，其实很难评估。混合和测量这些化学物质的实验都是在可控的实验室空间中进行的。

现代社会已经把森林的健康气息变成了更麻烦、更模棱两可的东西。树木可以清除空气中的一些污染物。把树木种植在城市中，就可以通过吸收空气中的颗粒物来减少污染。有些树木甚至可以清除树叶中的污染物。绿树成荫的街区通常比空旷的街道污染少。但是，在氮污染严重，树木又向天空倾泻芳香分子的日子里，空气中就会笼罩着由树木呼吸、阳光和燃烧的化石燃料混杂后形成的颗粒污染物。未来，在繁忙街道上种树的指导方针，可能要在一定程度上考虑每种树的气味特征，不是为了取悦人的鼻子，而是为了尽量减少污染。例如，枫树释放的异戊二烯远少于悬铃木，椴树则几乎不产生。因此，为了最大限度地减少城市污染，悬铃木可能适合在远离交通的公园里发挥最大的作用，而椴树和枫树则可以在繁忙的街道上种植。

交通终于疏通，我们开车离去。后视镜上的纸板树像悬挂在牧师手上的香炉一样摆动着。当我们开车时，它的气味在我们周身飘荡，传递着现代性的可疑祝福。

Ⅷ.

“维加尔加”或澳大利亚山毛榉

澳大利亚昆士兰

年代：未知，可能有数百年

WAYGARGAH OR

ANTARCTIC BEECH

Queensland，Australia

一根巨大的树枝从树干上折断了，撕裂的部位处露出光滑的木头。树枝的裂口中央呈栗色，仿佛用红酒浸泡过。围绕这个核心的是一层层奶油色的木头，摸上去很光滑，但坠落的暴力让它们分崩离析。我把这根引人注目的双色残枝凑到鼻子前，柔和的香气令人惊讶。尽管潮湿的风让我感到寒冷，但这棵树传递着温暖与平静。像刚出炉的黄油糕点，像成熟苹果上的阳光果香。但这些印象很快就会消失。树枝在几分钟前掉落下来，而木头已经在冷风中放弃了它的内在生命。

这棵树的英文俗名是澳大利亚山毛榉[①]，反映了殖民植物学家的混淆和傲慢。他们发现这棵树的轻质木材和锯齿状叶子与英国的山毛榉树有外在的相似之处，于是取了这个名字，并将其与山毛榉和橡树归为一类。学名“Nothofagus”的意思是“假山毛榉”，简直是一种诽谤。但这些树有自己的故事要讲，它们不是所谓更“真实”的英国原产树种的南半球冒牌货，那都是人们的臆想。它们是古代南方超大陆冈瓦纳大陆森林的后代，有属于自己的植物家族，其历史可追溯到9000万年前的白垩纪。今天，从智利到新西兰，有43种假山毛榉属植物生活在整个南半球。它们在南极冰封之前很常见，现在在冰层下发现的树叶和木化石就证明了这一点。在这片土地的传统守护者的本加隆－尤甘贝语（Bundjalung - Yugambeh

---

① 作者所说的树，种名为“穆尔氏假山毛榉”（Nothofagus moorei）或澳大利亚山毛榉（Antarctic beech，英文直译为南极山毛榉）。属名是假山毛榉属（南青冈属）。——译者注

language）中，这种树被称为“维加尔加”（waygargah，可能与表示“上边”的“waygan”有关，指一种在高处发现的树），这是一个本地的名字，没有殖民偏见或误解。与山毛榉和橡树的浓烈气味截然不同的是，坠地的树枝中木头的独特气味是“维加尔加”在冈瓦纳大陆演化路径的产物。对叶片的化学研究表明，假山毛榉属的每个物种都有自己独特的芳香分子组合。落下巨大树枝的澳大利亚山毛榉似乎是其中最温和的，缺少在它的近亲中发现的一些分子。是怎样的生态和进化原因造成了这些差异，现在尚不清楚。不过我们知道，气味可以阻止植食性昆虫，因此很可能每种树都已经适应了生活在其栖息地的一系列草食性动物。

在这里，澳大利亚最东端，“维加尔加”的栖息地是独一无二的，这里栖息着在其他任何地方都见不到的昆虫种类，包括最早一些吸食植物汁液的昆虫后代。这些生物现在生活在树枝上细密的苔藓中，这片栖息地在数千万年的时间里可能没有太大变化。这种特殊的生态系统之所以能存续至今，是因为一座死火山创造了气候条件。这座宽100千米的受侵蚀的火山口被高高的山脊所包围。从低地的桉树林、养牛牧场和太平洋海岸吹来的风在陡坡上骤然降温。这种突然的寒冷导致空气中的水蒸气凝结成滚滚浓雾。浓密的云层穿过森林，尽管其他景观都还沐浴在蓝天下。“维加尔加”和所有依靠其生存的昆虫都生活在这片潮湿多云的地带。这些树生活在仅有一丝可能的条件下：有足够湿度的风，恰到好处的温度。它们的种群坚守在一片狭长的土地上，宽度几乎不到几棵树的冠幅。它们的繁衍生息让我们感受到冈瓦纳雨林的丰饶。

我把树枝移到小径边，又回到在这棵虬曲多节的大树周遭萦绕的泥土气息中。有潮湿泥炭的恶臭气味；有单宁类物质腐败的迹象；有蕨类植物叶子的尖锐气味。在这里的森林中散步就像在苔藓世界里游泳。我是一只跳蚤，一种缓行动物，一种线虫，在巨树的对比下被缩小，被苔藓包围。每根树干和树枝都被包裹起来。蕨类植物的茎蜿蜒游走于枝杈，穿过葱茏的灌木丛，把桨状的叶子插到缠结的虬枝上。一定程度上，很有可能正是这种饱含水分的茂密包裹物的重量导致我脚下残枝的断裂。每一根树枝都是一个空中湖泊，强烈的阵风则让它的承受能力超过极限。

在这片与世隔绝的山脊上，树木会自己降雨。当雾气穿过火山口时，浓密的苔藓和茂密的树叶挡住了雾气之河。雾气中的水滴落在树上并积聚。树和树上生长的植被将水从云中抽出来。树枝上的苔藓和蕨类植物攫取了它们的一些收成，在空中啜饮。其余的水则落到地面，使每棵树下方的土地都充满了水分。每棵树都是造雨者，挺立在一圈湿润的土地的中心。这些绿环之间的地面则是尘土飞扬，十分干燥。

热浪和冰冻在这片栖息地上很少见，长年的湿润和相对均匀的温度为这种树创造了宜人的场所，其中有很多已经活了几个世纪。当老枝断裂落下时，会有新枝从活的根系上重新长出，形成一个凸起、多节的基部。许多树木都已非常古老，周围的土壤缓慢流失，使得这些树的根系都露出地表一米多高。庞大的树根和树干包围了我。树根中间的空隙足以容纳我的整个身体。

这片温带雨林葱郁的气味就像没有咸味的岩石海岸，在水、天空和生命的交汇处形成一种生生不息的欢欣。海岸的气味是一项古老的胜利，始于四亿五千万年前古生代海岸上的第一批藻类和陆生植物。从那时起，吸水的根系和加速水分移动的叶片将水和植物的同盟关系传承至今。在这里，在冈瓦纳大陆的森林里，这种欢庆仪式达到了顶峰，水和陆生植物彼此相互流动，将参天巨树从地面高高抬起，将空气浸润在绿色的气味中。

Ⅸ.
白栎

苏格兰爱丁堡，田纳西州塞沃尼

年代：1830年

WHITE OAK

Edinburgh，Scotland and

Sewanee，Tennessee

在爱丁堡的酒吧里，我面前摆着三小杯金黄色的液体。这是一个品尝套组——两杯苏格兰威士忌和一杯肯塔基波本威士忌。我拿起酒杯打转，闻闻，啜饮第一杯苏格兰威士忌。泥煤的烟熏味，橡木的单宁味：黑暗且令人振奋。

第二种苏格兰威士忌有单宁的底调，但更温暖、更安静，没有烟熏味。我还闻到了一丝香草和黑太妃糖的味道。然后是波本威士忌：闻起来有焦糖和香料味，舌头上则有胡椒味和甜味。

每种威士忌都有自己的特点，展示了不同的谷物、麦芽加工过程和用于生产和熟成威士忌的木桶。在泥煤火上烘烤的麦芽保留了其烟熏源头的气味印记。无烟熏大麦的余味则更明亮。玉米的甜味，加上黑麦更微妙、更黑暗的口感，使波本威士忌带有蜂蜜的味道。尽管威士忌的风味多种多样，但将这些威士忌联系在一起的却是橡木，而且通常是白栎[①]。法律规定，波本威士忌必须在新的橡木桶中熟成。在波本威士忌从桶中提取出来后，许多这样的用过的木桶会经船运往苏格兰，并在那里安度晚年，成为熟成苏格兰威士忌的容器。一些苏格兰威士忌使用雪莉桶，包括用夏栎制作的酒桶。闻一闻威士忌，啜饮一口，就是在潜入栎树的感官世界，一个满是单宁、木头涩味和焦糖的地方。

威士忌的橡木特征如此清晰，当我站在吧台上时，我的鼻子将我带回到了在田纳西州的老家堆放木头的记忆。我记

---

① “栎树”与“橡树”同义，植物学中多用“栎”，而文化和传统中多用“橡”。——译者注

得白栎，尤其是它浓烈的气味。

每年夏天，我都会用卡车装运切割好的白栎，然后倒在家里车道上，准备劈开，然后堆放。我们用锤斧劈开切割的原木，然后把它们整齐地排列成行进行搬运，肩上薪柴的重量让我感到安心。每一块木头都是一束阳光，一个能给生命带来热量的仓库。橡树在树叶中组装这些分子，然后将它们运输到树干，年复一年地增加新的木质层。除了来自根部的一些矿物质，木材完全是由空气、水分和阳光组成的。

我的肌肉理解木材重量的含义：一种安全感，将足以供应整个冬天的热能整齐地堆放和储存起来，为寒冷做好准备。我的鼻子也理解。橡木在劈开和甩出时会产生令人满足的木香。主要是辛辣、甘甜的单宁，一种带有丁香味的调味黑茶。又苦又热。这是橡树最独特的气味，可以在倒下的树、木柴、木板和木桶中找到。来自心材的木头闻起来很酸，十分刺鼻。经年累月，橡树在树干的心材部位积累单宁和防御性化学物质以减缓腐烂。树干边缘较轻的边材则带有椰子和焦糖的味道。

在我的记忆中，我曾把一棵白栎的木材摞成堆，这棵树死于那一年的早些时候。死后的白栎就成了个障碍物，倒地的原木可以滋养真菌和许多动物长达数十年。在田纳西州的这些森林中，超过一半的动物物种在一生中的某些阶段依赖死木为生，从马陆的食物到蜗牛的筑巢地，再到蝾螈的越冬保护所。但是，对于这棵生长在路边的树来说，树枝掉落的危险宣判它需要被立即移除。它的年轮可以追溯到1830年，所以这棵树比这条路还要古老。早在欧洲人通过种族灭绝的暴力清除手段占领这片土地之前，当田纳西州的这一部分还是切罗基人的领土时，它就已经生根萌发了。我从市政的焚木堆（位于城镇边缘的一个沙石坑）中捞出了一截木材。镇上的管理人员定期在坑里点燃木材，将积蓄多年的木材能量送上天空。对于这棵树来说，一部分本将作废的部分在我的炉子烧掉了。

白栎是我在废料堆里的幸运发现。我把木头堆起来，沉浸在葡萄酒和威士忌酒桶的气味中。现在，在我喝了三杯威士忌的酒吧里，气味让我忆起儿时劈木头的惬意工作，以及堆放柴火时橡木在我手上的粗糙质感。如果我发现的是红槲栎（北美红栎），我会闻到醋和旧机油的味道，这是木材中高浓度挥发性有机分子导致的结果。虽可忍受，但绝非乐事。而如果我发现的是沼生栎，我会把它留在垃圾场。劈开的沼生栎木材散发着山猫的尿味，这种气味只有经过几年的干燥才会消散。“尿橡树”是它的本地名字。木材中含有大量刺激性的化学物质，这可能是为了适应它的原生地生境，即潮湿、重黏性的土壤，在那里腐烂的威胁永远存在。

与优质威士忌的品鉴家一样，松鼠也对北美东部森林中的栎树气味和味道充满兴趣。秋天，许多种栎属植物几乎同时果熟坠地。松鼠立即将白栎的橡子吞下，而将红槲栎的橡子储存起来，以备日后食用。白栎的橡子苦味单宁浓度比红槲栎的橡子低，正如它们的木材一样。因此，松鼠会先吃掉更甜的白栎的橡子，然后再吃红槲栎的橡子。这种选择也给松鼠带来另一个好处。因为白栎的橡子落地后很快就会发芽，生出一段小主根，并将橡子中储存的一些淀粉能量转化为微小的叶片，因此，白栎的橡子不能很好地储存。但红槲栎的橡子在整个冬天都处于休眠状态，到了春天才会发芽。松鼠通过储存苦涩的橡子，成功地保存了最有可能在冬季后期保持营养的食物。

我对威士忌和橡木的气味品鉴是很业余的，是学徒级别的粗糙分类。葡萄酒商和威士忌制造商更能理解其中的细微差别，通常不仅是在不同的橡木树种之间，而且也在单一树种的地域变种中进行区分。传统上，红酒、波本威士忌和其他威士忌都是在橡木桶中陈酿的。不用尿橡树或红槲栎，只使用北美洲东部或欧洲的白栎。最好的取材部位是心材，因为单宁和其他气味分子的浓度最高。经过数周、数月乃至数年，木桶板将它们的木材之歌缓缓融入酒中。如今，有些酒的一部分发酵过程是在钢制酒桶中进行的，然而，对于所有的波本威士忌、大多数其他威士忌和一些红葡萄酒，待熟成的液体之后都会被转移到橡木桶中。现在的栎树，尤其是夏栎，相比过去几个世纪更紧缺了，木桶会重复使用，需要从一个大陆运往另一个大陆。所以，一杯苏格兰威士忌里含有两大洲的混合气味。

并非所有的白栎在木桶里的表现都是一样的。来自明尼苏达州的纹理紧密的白栎木慢慢地将其香气和味道融入到桶内的液体中，其单宁微妙而圆润。弗吉尼亚州的树木则更开放，热衷于分享它们的香料。夏栎让人想起榛子和黑烟。所有这些气味的微妙之处都是通过木桶的制作工艺进行调整的，在灌装液体之前，箍桶匠会用火炙烤空桶的内部。桶壁烧焦的程度会改变酒的气味和味道：稍微烤一下会产生辛辣感，恰到好处的火候会带来香草和太妃糖的甜味，而烧灼过度就会变成苦咖啡味。与泥煤燃烧的烟、葡萄和谷物一样，酒桶的地域风土和处理手法也是酒饮气味和风味的一部分。

品尝植物单宁及其他气味分子的并非只有我们。大多数食草动物，尤其是那些以木头和树叶为食的食草动物，它们的食物就是这些分子组成的饕餮盛宴。每种植物都有自己的气味和味道，植物的每片叶子都有自己的特征。单宁的积累需要时间，因此，单宁的浓度通常会随叶片老化而增加。观察鹿或山羊如何使用它的嘴唇和舌头：它们对植物进行筛选，非常精确地采摘它们最喜欢的部分。有辨识力的味觉和嗅觉对动物有益。低浓度的单宁和其他可口的植物化学物质具有抗真菌、抗细菌和抗氧化的作用。胃部不适的动物会寻找富含单宁的食物，以自行清除肠道内的寄生虫。我们也同样效仿，在我们的饮食中纳入富含单宁的食物和饮料，如茶、咖啡、葡萄酒和许多果实，生病时给自己服用含单宁的药草。单宁有一种苦涩的口感，其中一些会减缓其他气体向鼻腔释放。比较一下浅泡和深泡的茶：前者的香气味微妙且层次丰富。而在第二种情况下，单宁占据了主导地位，当我们啜饮一小口后不自主地卷起舌头时，格外能感受到。

单宁可以保护植物。这些苦味的化学物质可能具有破坏性，甚至有毒。在脊椎动物肠道的酸性环境中，单宁会与蛋白质结合，使其无法被消化。在许多具有碱性消化系统的昆虫体内，单宁不与蛋白质结合，而是会氧化肠道中的分子和细胞，基本上就是从体内将昆虫烧死。

植食性哺乳动物也会采取应对措施，它们的唾液通常会与它们喜欢的食物中的单宁结合。驼鹿的唾液可以抑制白杨和桦树中的单宁；海狸的唾液适应了柳树；老鼠适应了橡子；骡鹿适应了它们取食的众多树种；吼猴适应了热带植物的叶子；黑熊的唾液碰到什么样的单宁都能对付，是不折不扣的杂食动物。人类唾液中的蛋白质与熊的类似，对各种各样的植物都能适应。我们的唾液一年四季都做好了迎接单宁的准备，而不像许多其他物种那样只是季节性的。

我站在吧台上，从我的威士忌酒杯里饮下悠长的一口。令人舒畅的气味。橡木的气味就像堆积如山的柴火或木桶陈酿的红酒一样，是家和庇护所的象征。我们已经为冬天做好了准备，因为有橡木可以取暖。

X.
月桂

法国巴黎

年代：1980年

BAY LAUREL

Paris，France

嗅觉是最古老的感官。在生命演化出眼睛和耳朵之前，细胞是以分子的语言进行对话的。当时和现在的细胞膜上都布满了蛋白质受体，每一个受体都有一个“天线”，等待来自附近和远处其他细胞的化学信号。当正确的化学物质结合到表面时，受体蛋白质会改变形状，或在细胞内引发一系列反应，或导致细胞膜上的电荷突然变化。就这样，一种化学物质（芳香分子）的到来，被炼金术转化为细胞内的生物活性。

从空气中飘荡的分子到细胞中的反应都是如此，而对我们来说，就是人体中的感觉。

我们的鼻子里聚集有一两千万个嗅觉受体细胞。每一个都是一个神经细胞，将其刚毛状的头部插入鼻腔顶部的一层湿润的薄层中。鬃毛般的嗅神经接收空气中的化学物质，抓住它们，然后向神经的其他部分发送信号。然后，这个信号会被传送到大脑。我们鼻子里有大约400种受体类型。你可以跟我们眼睛中的五种不同的光受体类型（红色、蓝色和绿色的视椎细胞，低亮度的“灰色”视杆细胞，以及拾取背景光的神经类型）比一比。理论上，如果我们足够专心地体察鼻子告诉我们的信息，我们的气味感知可以区分一万亿种不同的分子组合，就像一道超级混合气味彩虹。

我们鼻子里的这些受体细胞很脆弱。我们身体中的其他细胞几乎都隐藏在起保护作用的皮肤下，而鼻子的受体细胞不同，这些细胞的头部暴露在我们吸入的任何东西中。这导致它们会直接接触毒素和病原体。它们身上覆盖了薄薄一层黏液，我们会误以为那只是鼻涕，实际上那是一种复杂的保护性“浴池”。在这个浴池中有抗体和酶，可以发现并中和有害化学物质和入侵细胞。尽管有这种帮助，嗅觉受体细胞的寿命仍然很短，大多数只能存活两个月。我们的嗅觉取决于它们的不断更新。嗅觉受体细胞的开放和脆弱不只会导致危险，也会促进亲密感。我们的嗅觉以一种直接的方式将我们与其他生物联系起来。当我们闻到一棵树的气味时，我们就和它的一小部分有了物理上的联系，即分子间的联系。树和人之间的界限也随之模糊了一点。

嗅觉不仅是一个古老的细胞运作过程，也是与人类的记忆和情感联系最直接、最紧密的感官。当气味到达我们的鼻子时，神经会向大脑中的嗅球发出信号，然后再向大脑的底部和中心发出信号：处理情绪的杏仁体和处理记忆的两个海马体。其他感官需要通过层层的解释和调解。香气则更直接。它首先以深层的身体记忆和情感进入我们的身体。我们的大脑随后为其增加语言和意识感知的外表，但这实际上是事后的想法。

什么树的气味能唤起你的记忆和情感？

节日假期里的常绿树？在松树、冷杉和云杉的气味中，我们记起冬至时节的情绪。在一年中最晦暗的时候，我们把绿色的树枝带进家里，以此来寄予我们对新生的希望。在那里，它们的气味弥漫在我们的记忆中。

一杯热苹果酒里放的丁香和多香果？这些香味经常唤起温暖和舒适的回忆：寒冷天在篝火旁跺脚，或在冬雨敲打窗户时一群人在厨房里欢聚。

枣子糖果的花香和蜡糖味？这种结合了树、花和糖果的气味，常出现在中东和北非的节日庆祝和款待中。

擦完地板后的教室里干净的松木气味？我还记得喧闹的学校走廊里的消毒水气味，刚拖过的地湿漉漉的，孩子们的脚步声在走廊里回响。

削铅笔时雪松木屑的刺鼻味？这种气味往往预示着对考试的恐惧，或花时间在一张干净的纸上画画的喜悦。

夏季雨后的城市公园里弥漫的潮湿的叶子味？即使在繁忙的城市中心，当下雨时，树叶和泥土的气味也会将我们笼罩，激起对夏日暴雨的记忆。雨滴打湿并搅动树木表面，激活了气味分子并将其带到空气中。当雨水渗入土壤裂缝时，它会将空气从沙子和黏土颗粒之间的空隙中排出，这是从黑暗的土壤中呼出的气体。与其他许多气味不同，这种气味非常独特，我们给它起了个名字，叫“潮土油”（petrichor）。

这些记忆因人而异，揭示了我们童年和过往生活的本质。树的气味是入口，将我们带回养育我们的文化体验中。对我来说，月桂树就是这样一个入口。月桂是地中海炖菜和汤的主要食材。我是个在法国长大的英国人，在我成长的地方，它最常用于给炖菜提香和调味，和在整个欧洲和中东的烹饪中的用法一样。一般来说，烹饪完成，摆上餐桌前，我们会扔掉用过的叶子。月桂叶的气味让我想起了文火慢熬的炖菜，它的味道会在一个可供几个人食用的大锅里混合数小时。香气随着水蒸气升腾，填满了厨房，然后钻进相邻的房间里，传递着“食物就快好了，但现在还没有”的信息。一种让人久等的满足感。

在进餐时，月桂[①]揭示了嗅觉和味觉之间的相互联系。咬一口之前，气味是桉树和小豆蔻的浓郁混合，带有一丝胡椒、薰衣草和丁香的味道。这些是通过鼻孔抵达的气味，直接流向我们鼻腔的感受器。然而，在口腔中，体验会发生变化。味道到达我们的味蕾，溶解在唾液或食物的汁液中。与鼻子有数百种感受器不同，舌头的感觉细胞专注于检测各种甜味、苦味、咸味、酸味和鲜味。然后，这些感觉进入大脑的另一部分，即味觉皮层，而不是来自嗅觉的神经。尽管存在这些差异，嗅觉和味觉也并非是孤立的。它们对食物的解释混合在我们的意识感知中，让我们对饮食体验产生统一的反应。这得益于进入嗅觉的第二条途径。当我们咀嚼或吞咽时，芳香分子从喉咙后部上升到鼻腔。这种“逆鼻腔路径”的方式，相当于通过隐藏的第三个鼻孔，让我们在进食的时候能够欣赏食物的气味，由此进一步混合了嗅觉和味觉。对于用月桂叶烹制的食物，月桂叶的味道往往很淡，但香气却很浓

---

① 月桂是樟科常绿小乔木，原产于地中海一带，我国浙江、江苏、福建、台湾、四川及云南等省有引种栽培，叶片可作调味料，在国内俗称“香叶”。—— 译者注

郁。因此，相比于吃炖菜，闻炖菜能让我们更强烈地感到月桂的存在。在口腔中，其他调味植物——尤其是百里香和迷迭香——主导着与蔬菜和肉类的对话。但是，如果我们鲁莽地从炖菜中夹一片月桂叶咬下去，我们嘴里的苦味感受器就会爆发抗议。在所有调味品中，月桂叶对鼻子最友好，但对舌头最不友好。

温暖的厨房、美味的食物和幸福的家庭。和其他气味的回忆一样，月桂叶不仅向我暗示了这些联想，月桂就是这些记忆。它的香气让我直接进入深深的记忆，从内心激活了我的思想和情感。如果你将所有对月桂气味有共同记忆的人的地域特征绘制成地图，你就会勾勒出地中海厨师和世界各地移民的大致轮廓。但这只是一幅展示月桂叶和人类记忆之间联系的粗略地图。对许多意大利人来说，关于月桂的记忆是意大利面酱或肉汁烩饭的佐料，而不是炖菜。对任何一个用叙利亚阿勒颇皂长大的人来说，月桂则是洗澡时的温水和擦洗身体的气味。

当然，月桂叶的演化并不是为了取悦我们。相反，我们感知的气味和味道分子具有防御的意图。叶片中的特化细胞制造、储存和分泌这些化学物质，主要以油脂的形式。这些香味浓郁的混合物中大约有两百种不同的化学物质。当我们烹煮叶子时，热量会破坏细胞，释放出油脂，使我们的食物中充斥着低浓度的月桂的植物防御性化学武器。但是当一只昆虫啃咬叶子时，它会发挥充分的效果，咬上一口就足以令入侵者的神经和消化系统中毒。同样，当细菌或真菌细胞试图侵入月桂叶时，入侵者会被有毒的油脂浸泡。剂量决定了毒性，要么是致命的化学武器，要么是令人愉悦的调味品。而在这两个极端中间的，是药物。月桂叶提取物有助于调节糖尿病患者的血糖水平，具有抗菌和抗氧化作用。

月桂树有很好的理由值得被好好保护。它们在亚热带森林中进化而来，那里温和的气候使得昆虫的活动极为丰富。不同于落叶树的叶子在掉落前只能存活几个月，月桂树是常绿的，叶子可以存活超过一年。因此，每一片厚实、革质的叶子对这种树来说都是一笔重要而宝贵的投资，值得用大量的油脂来保护。同样的道理也适用于其他植物，比如橄榄和桃金娘，它们与月桂一起生活在曾经占据欧洲、中东和北非大部分地区的森林中。在这些物种繁茂而芳香的叶子中，我们可以感受到一丝古老世界的气息。在冰河时期和我们现在相对凉爽干燥的时代之前，月桂林在温和湿润的气候中就已生长了数百万年，遍及现今干燥的欧亚大陆和非洲的大片地区。

月桂叶的气味引领我回到无言的记忆中——我童年的美食，是的，同时也回到地中海地区植被的历史中。我吸入一股令人满足的月桂叶炖肉的香味，唤醒人与生态的记忆。

Ⅺ.
木烟

世界各地的森林

年代：当今

WOODSMOKE

Forests worldwide

木头冒出的烟造就了我们。这可能也是我们的祸根。

100万年前，或许再早50万年，一群行走的猿类——很有可能是直立人[①]——聚集在非洲南部洞穴内的篝火旁。他们留下的证据很少——烧过的骨头的微小碎片和化为灰烬的

---

① 直立人（Homo erectus），也称为“直立猿人”，活动时间为距今大约200万年—11万年前。直立人具有猿的特征，但腿骨似人，适于直立行走。直立人能制造石器，是旧石器时代早期的人类。其化石在亚、非、欧三洲均有发现。

有叶植物——但这清楚地表明这些早期人类曾使用火。后来，从大约40万年前开始，尼安德特人①和现代人都惯于用火。

对于这些现代人的祖先和表亲来说，烟的气味是家和进步的气味。燃木取火是进化的催化剂。火可以取暖，驱赶捕食者，让矛更坚硬，帮助打磨石器工具，制作桦树焦油和熟食，滋养和保护我们的祖先。火杀死了食物中的病原体并释放出营养物质，使我们的大脑得以扩充，使科技得以蓬勃发展。

火也催生了文明。篝火吸引我们加入紧密的圈子，将我们的思想和情感联系在一起，加强和加深了人类的社会互动。直到今天，当我们聚在火炉旁，我们的血压会下降，我们的谈话会转到富有想象的领域。一场友好的篝火或营火活动的景象、声音和气味让我们平静下来，很快我们就在温暖的火

① 尼安德特人（Neanderthals）是生存于旧石器时代的史前人类，1856年其遗迹在德国尼安德河谷被发现，并以尼安德特命名。尼安德特人生活在大约25万—3.8万年前，活动于欧亚大陆西部地区，在遗传特征上是现代人的旁系。尼安德特人善造石器，会用火，是成功的狩猎者。

堆边与其他人建立了联系，彼此分享故事。人类社会就诞生于木头的火焰旁边。

难怪，当我们聚在一起举行仪式或庆祝时，我们会生火。在许多宗教仪式、夏至或冬至的庆典、通过人生重要阶段的庆祝仪式和非正式社交聚会中，燃烧植物材料是活动的核心。燃烧的木头的气味、声音和色调显示着与他人见面的欢乐和社群的团结。我们人类是一种不寻常的哺乳动物，热爱火，不遗余力地把它带进我们的家。大多数其他动物则因其危险而避之不及。

即使如今的火主要来自燃烧天然气或压缩木炭，我们仍渴望一场真正的木火的感官体验。我们把一袋袋木屑扔到煤气烤架上，以散发出燃烧的木香。食物调料也有了烟熏口味的产品。模仿火焰的灯具和在线流媒体视频将火焰之舞带到我们眼前。这些伎俩表明，作为人类的一部分就是渴望感受火的视觉、听觉和嗅觉体验。

但木烟也会导致伤残、死亡和畸形。工作一天后抽根烟，最初可能是让人放松和愉悦的气味，但数周乃至数年吸入这同样的烟雾，会在我们体内造成巨大的破坏。

木烟中至少混合有400种不同的化学物质，其中大多数是有害的：一氧化碳、氮氧化物、苯，以及数百种其他具有刺激性、神经毒性和致癌性的分子。木烟还通过几十亿个不完全燃烧的微小木材颗粒让空气变脏。这种微粒污染会损害肺部，引发哮喘。一旦进入肺部，这些颗粒就会进入我们的血液，从内部使我们发炎，损害我们的器官。

人类的演化似乎减少了这种生理威胁。人类携带的一种基因使我们比其他灵长类动物对烟雾的刺激性和毒性作用更不敏感。这种基因在人类身上的作用形式，是减弱我们对燃烧木材产生的毒素的反应。我们祖先经历的痛苦给了我们这种抵抗力：那些在烟雾条件下受苦不堪的人传递给后代的基因更少，这是衡量过去由木火造成的生存压力的一个指标。其他一些人被赋予了正确突变的基因，尽管有烟尘和烟雾，但他们仍能繁衍生息，或者至少能维持生存。然而，即使有这种灵长类动物特有的能力，能够在导致其他物种患病和死亡的环境下生存和繁殖，我们人类仍然会感受到烟雾的不良影响。

风险最大的就是用明火烹饪的人。据世界卫生组织估计，全世界有30亿人做饭烧火或使用炉灶时，要依靠木柴、煤油、粪便、作物残渣或煤炭为燃料。这些带烟的燃火会损害肺部、神经系统、血管和心脏，导致400万人早亡。因肺炎导致的儿童死亡中，有一半是由煤烟满布的家庭空气造成的。

即使在大多数人用电或天然气做饭的国家，木烟也是一种危险。在英国，从2003年到2019年，家用木材燃烧产生的颗粒污染物年排放量翻了一倍多，目前占此类空气污染的38%。在瑞典和新西兰，70%的冬季细颗粒物污染来自木材燃烧。在纽约州北部，则占30%。除了一些贫困家庭之外，工业化国家燃烧这些木火主要是出于审美原因：我们对木火的视觉、气味和感受的热爱。在纽约州北部和田纳西州，我也加入了这些生木火者的行列，同时使用催化转化器来减少污染排放，但现在我认为，尽管我喜欢它们的火焰，但当我们有其他替代品时，还使用低效的燃木火炉就不大合理了。住在离他人很近的地方，我的燃木火炉冒出的烟对邻居造成了不必要的伤害。这是一个可悲的结论。木火取暖激发出祖先传下来的对受控的火焰的审美喜好，而且在一些情况下，木火比其他热源更低碳。然而，居所若有近邻，则需要一种新的审美观，一种少烟少毒的审美观。

现在，家庭燃烧木材产生的烟雾所造成的危害，因为森林大火而更加严重了，尤其是在靠近重要人口中心的地区。尽管在过去20年中，全球被烧毁土地的总面积有所减少，主要是由于一部分热带草原（容易起火）被开垦为集中管理的农田（通常不起火），但森林火灾正在日益威胁人类和生态系统的健康。从东南亚到亚马孙，从加利福尼亚到新南威尔士，从西伯利亚到非洲，世界上许多森林都在燃烧，其规模堪比地球上史前最火热的时期。

2020年，当我住在科罗拉多州森林大火发生区域的附近时，我自己也开始研究这类火灾对人类健康的影响。那一年发生了四起面积超过4万公顷的火灾，还有许多较小的火灾，其程度超过了所有其他年份。其中一些火灾的热气和烟雾升到1.2万米高空，形成了巨大的积雨云。在一个阳光明媚的下午，我站在附近的山脊上，烟与云无比浓密，我看到整个北半边的天空都笼罩在旋涡般的灰色之中，下面的土地看起来像夜晚一样黑。这样的天空景象持续了数周，烟雾和阴影的强度取决于每天的风力大小。我们的房子，经常位于这场燃烧了几个月的大火产生的烟雾的下风处，笼罩在一片晦暗中，这暗色从烟雾缭绕的酒吧间的朦胧到诡异的深橙色，不一而足。这是浓烟驱散并吸收了所有其他日光颜色后剩下的仅有的色彩。

我与烟雾融为一体。衣服上有它的味道。细小的灰烬散落在每家每户的房屋表面。烟雾笼罩着我的感官，不肯离去。鼻子中有辛辣刺痛感。口中有油腻、金属感的味道。每一次吸气都感觉不够，仿佛刺鼻的烟尘取代了空气中的氧气。我能感觉到我的肺在紧绷。有一种无处可逃的感觉。尽管在房子里连续三个月使用空气过滤器，但木烟的气味、味道和对身体的侵入一直困扰着我。

知道是什么在起火以及起火的原因，也加剧了烟雾带给我的感官负担。当一场大火在一个下午吞噬了数平方千米的土地，然后持续移动并燃烧了数周，几乎没有森林动物或植物能够存活下来。在最热的地方，燃烧留下的只有矿物土壤，这是一个美丽多样的生态系统留下的沙质和岩石遗痕。在其他地方，每棵树都变成了烧焦的树桩，树桩之间只有寂静的白色灰烬。当我闻到火的味道时，我正在吸入我在山里散步时结识并成为朋友的最后一批动植物的遗体，它们现在变成了由气体和微小的灰粒组成的云团。每一次吸气都让人悲伤。

科罗拉多州大火的起火原因多种多样，从闪电到车辆上的火花和香烟，再到纵火。但根本原因是我们的集体行为。山地森林比几个世纪以来更加干燥和炎热。温暖的气候让以树液为食的甲虫得以大量繁殖。整个山坡大部分被枯死的树木覆盖。这种情况下，在过去几十年里仅燃烧过几百公顷的山火，就变成了人类历史上该地区从未记录过的超大规模火灾。然而，就在山区东部，由于依赖汽车的郊区不断扩大，石油和天然气的开采热仍在继续。当森林大火最终在冬天的第一场雪中熄灭时，烟雾变成了化石燃料开采和沉迷于汽车的文明所造成的雾霾。我们是纵火犯。闻到烟味就应意识到我们自己也是同谋。

在全球范围内，大型火灾产生的烟雾覆盖了许多国家。2015年，东南亚有4000万人连续几个星期被笼罩在雨林燃烧产生的浓烟中，直接经济损失150亿美元。无论在哪个地区，人体都会在这些火灾中受到伤害。在火灾活跃期间，哮喘、支气管炎、呼吸困难和慢性阻塞性肺病的住院人次都会在短期内增加。在加利福尼亚州，大面积火灾时心脏病发作和中风人数会激增。但是，火灾燃烧时间是几周或几个月，而对人体的这种影响，持续的时间要长得多。由于烟雾颗粒可以进入人体，长时间吸入木烟会伤害我们的心脏和血管，导致婴儿死亡或影响肺部发育。2015年的东南亚火灾导致10万人早亡。

现在已化为烟尘的森林变成了毒气和雾霾，它们曾是我们的生命之源，带来水、食物、万千生灵、精神、家园和慰藉。我们为我们的未来堆起火葬堆。我们的精神和灵魂被黑烟熏染。

人类的祖先靠学会控制火得以繁衍生息。他们找到了与火合作的方式，开启了新的技术和社会发展的可能性。我们都是他们精明技艺的后代。甚至我们的基因中也烙下了火的印记，使我们适应于它的存在。然而现在，我们失控了。烟雾从身体内部教会了我们这一点。在我们创造的这个新时代，一个森林付之一炬、冒出的烟雾笼罩世界各地的时代，我们的基因、生理和文明迄今无法应对，无法掌控有益健康的生活。

那么，接下来呢？

木烟一直在召唤我们融入集体，开启人类的可能性。对于我们的远祖直立人来说，火点燃了人类文明的最初迹象。对于早期的智人来说，技术进步以火为中心，富有想象力的故事在火边讲述。或许现在的森林火灾危机也在召唤我们集合起来，并要求我们提出新的想法和故事，这些想法和故事，都要立于前人所未见的新境界上。召唤我们的不再是篝火或壁炉，而是古老的森林本身，因为它们在燃烧和死亡。

团结起来。展开想象。开始行动。

Ⅻ.
橄榄油

地中海东部的山丘

年代：约公元前6000年

OLIVE OIL

Hills of the Eastern Mediterranean

对于大多数树木的对话，我们人类都是窃听者。当我们陶醉于森林或室内植物的叶子和木质气味时，让我们做出反应的并不是植物为我们准备的化学信号，而是植物用来与彼此、与昆虫和其他动物交流的数十种芳香分子。叶子们交流天气以及蚕食它们的昆虫的情况，并利用这些信息来调整生长和防御措施。根系也通过芳香分子相互传递信号，将其生长末端指向富含营养的土壤，远离压力点。根系和真菌的结合也是通过化学物质介导的，其中许多是有气味的。土壤的蘑菇味、刺鼻味和泥土味是在黑暗的地下土壤群落中缠结的植物和真菌的低语。花朵用气味招徕昆虫，这些是专门演化成的对传粉者具有吸引力的气味。果实的颜色、味道、质地和香气对动物来说同样如此：巴婆果的香甜气味，闻起来像蛋奶沙司和梨，对狐狸和郊狼来说难以抗拒。赤狐和许多啮齿类动物同样对黑莓和野草莓的香气和滋味十分着迷。在热带森林中，鸟类、蝙蝠和灵长类动物都能通过鼻子找到并评估无花果和其他物种的果实。植物主动地管理它们向动物发出的气味信号，在花朵开放和果实成熟时启动产生气味分子的基因。

油橄榄树①把人类吸引到这张欲望与化学反应相互联系的网中。在我们与油橄榄的感官关系中，我们不像与其他植物

① 油橄榄树的正式植物名称为“木樨榄”（Olea europaea，油橄榄为俗称，一种木樨科的常绿小乔木，枝叶银灰色，种子榨油可食用，主要分布于地中海地区，现世界亚热带地区广泛栽植）。我们常说的西方文化和传统中的橄榄枝和橄榄油其实都来自油橄榄，而非植物学上真正的橄榄（Canarium album，一种橄榄科的高大乔木，种子榨油可用于制皂或作润滑油，主要分布于中国、日本等亚洲国家）。——译者注

的关系那样是个窃听者。相反，油橄榄的气味正是为我们准备的。八千年来，油橄榄树和人类结成了一对。将我们与它们联系在一起的部分原因就是它们的气味。

我拿一块新鲜的法式面包去蘸倒在碟中的橄榄油。一股草木新翠的气息升起，混合着青草和新鲜切下的菜蓟的气味。我弥漫在一种绿意盎然的感觉中，一股春天的清新气息。此外，我还闻到了一丝辛辣的酸苹果味。这是一种让人内心感到满足的气味，是对面包和谷物的令人愉悦的补充。橄榄油的气味激活了我的鼻子、我的思想和我的身体无言的需求，直接与我对话。这并非意外。进化将我们的感官认识刻进了油橄榄树的基因组。最能有效地哄诱我们感官的树木，正是我们精心照料的那些。我们保护自己最爱的树木不受火灾的影响，给它们浇水，消除它们的竞争对手。我们种植它们的种子，嫁接嫩枝，培育它们的后代。人类的感官引导着油橄榄的演化方向。我们嫁接的不仅仅是木材，通过选育等农业技术，我们的嗅觉和味觉也嫁接到了油橄榄树的 DNA 中。

在地中海地区的人类与油橄榄树命运与共之前，鸟类是油橄榄树果实的传播者。歌鸫（song thrush）和黑顶林莺（blackcaps）狼吞虎咽地吃下果实，然后带着种子飞离母树，将不易消化的果核排入现成的粪便肥料堆中。更小的鸟类，如黑头林莺（Sardinian warbler）和欧亚鸲（European robins）会啄食果肉，偶尔设法吞下一粒种子。鸟喙是油橄榄的信使，它们因垂涎多油的果肉而被吸引到树上。这是一种常见的策略。地中海地区一半的乔木和灌木物种以这种方式将鸟类的饥饿与植物的繁殖结合起来。在热带森林中，90% 的木本植物通过动物的肠道传播种子。

人类的食道比鸟类的食道更宽，我们对油润的愉悦口感更热衷。我们更喜欢果实大且多油的油橄榄树。现在，由于我们对树木的选择性繁育，大多数的油橄榄树果实对鸟类来说都太大了，不过歌鸫仍能吞下一些完整的果实。这些树的果肉更饱满，油橄榄果肉中的每个细胞都因内部的油滴而膨胀。按压果肉，沁出的油会给人的鼻子带来令人兴奋的香味，带来一种愉悦和满足的允诺。我们的感官被诱人的果香强烈刺激着。我们的神经系统渴望这种意味着饱腹感的芳香承诺，但鸟类似乎对油橄榄的气味信号并不在意。如今果园里那些油橄榄正是为了满足我们的渴望而生长的。

就像把子女托付给他人照顾的父母一样，树木对它们招引来的物种也很挑剔。果实的形状、气味和颜色都与树木最青睐的“邮差”的感官特性相适应。果实的形态是树木对动物美学的回应。红色的果实吸引鸟的眼球，腐烂的气味召唤哺乳类食腐动物，灵长类动物被果香和糖分的气味吸引，候鸟对高热量的油脂和糖分极度渴望。人类也不例外。任何想把自身命运与我们的命运联系在一起的树，都必须依靠我们独特的感官。当我们把面包蘸到一碗橄榄油中，或炒菜时先倒一些油到灶上的平底锅中，我们都是在进行一种古老的感官联系。

在上一个冰河时期，油橄榄树在地中海周围的一小片避难所中存活下来。基因证据表明，这些区域包括直布罗陀海峡、爱琴海部分地区以及地中海东北角。很可能这些地方的气候足够温暖，让这些树得以熬过数千年的严寒。当气候变暖后，树木在鸟类的帮助下从隐蔽处蔓延开来，并在地中海周围的土地上定居。不久之后，人类也加入了进来。从大约8000年前开始，在如今的叙利亚和土耳其边境，以及我们现称之为约旦、以色列和约旦河西岸的南部地区，人们开始食用油橄榄的果实并照料树木。这种实践传遍了整个地中海地区。如今对树木基因检测的证据表明，这一过程既包括受欢迎的品种从一个地方传输到另一个地方，也包括本地变种的驯化。例如，地中海西部地区的树木具有非洲野生油橄榄的遗传特征，而东部地区的树木则并无这一特征。

随着时间的推移，人们为了橄榄树而深化了劳动的复杂性。我们修建了灌溉水渠和梯田，耕作和清理土壤，给树木修枝剪叶，并掌握了嫁接和移植技术。这些树木以果实吸引人类感官，人类的回报是让它们占据地中海盆地周围的田野和岩石山坡。而人类也所获颇丰。在季节性干旱的土地上，油橄榄比其他任何作物都能提供更多的营养。其革质的叶片即使在炎热干燥的风中也能保持水分。银色的须毛可反射过盛的阳光。根系则能够在土里分叉、挖洞并寻找到深埋在地下的水源。地中海地区的人类文明通过与橄榄树合作，掌握了一个能长期适应夏季炎热无雨、冬季潮湿凉爽气候的物种的产出效率。如果没有油橄榄树，克诺索斯、迦太基、耶路撒冷、雅典和罗马都只会是穷乡僻壤。几千年来，地中海地区的文明正是建立在与油橄榄树互惠的基础上的。

橄榄油在过去两千年中断断续续地到达欧洲北部，包括不列颠群岛。橄榄油双耳细颈瓶在被罗马人统治时期的英国很常见，表明其与南欧的贸易广泛。伦敦港18世纪的有关记录显示，每周进口的橄榄油多达2500加仑。比顿夫人①在其19世纪经典的英国家政管理书中讨论了橄榄油在沙拉中的使用，并建议腌制洋葱时“在每个罐子或瓶子的顶部放一汤匙最好的橄榄油”，这意味着英国的管家不仅使用橄榄油，还区分了“最好”和“不太好”的橄榄油。但在20世纪中叶，在英国只有在专卖店才能买到橄榄油，并且使用橄榄油有时会被嘲笑为中上层阶级的矫揉造作，对于一种在南欧被当作主流的

① 伊莎贝拉·比顿（Isabella Beeton，1836—1865），英国记者、编辑与作家。她于1861年出版《比顿夫人的家庭管理全书》（*Mrs Beeton's Book of Household Management*），极为畅销，并以此闻名于世。烹饪是该书的重要组成部分，包含大量菜谱。

食品来说，真是咄咄怪事。现在，英国的每一个超市里都有橄榄油，这也许算是对被罗马人统治时期的英国的一个奇怪的回应吧。

尽管油橄榄能在许多其他农作物无法正常生长的干旱条件下茁壮成长，然而当夏季的干旱被雨水缓解时，油橄榄会更高产。人类很快就学会了这一点，并改变了陆地上的水流，使树木受益。从修整土地、引水到修建灌溉水渠，再到现代化的滴灌管道和喷嘴，人类的创造力帮助树木得到了水。只有十年一遇的干旱或旷日持久的战争才能打破这种人与树之间赋予生命的纽带。当这些灾难到来时，人类文明和油橄榄的丰饶都崩溃了。

其他树种也把自己“绑”到了我们的鼻子和嘴上，包括柑橘、苹果、咖啡、茶、面包果、枣、榛子、巴西坚果、杏仁、油棕榈、栗子等数十种果实，但没有一种比油橄榄更彻底（也许除了给我们提供茶叶的茶树——一个完全被驯化的物种）。在整个地中海地区，野生的、逸生的和人工种植的油橄榄树之间的界限变得模糊不清，这是8000年来树木繁殖和园艺融合的结果。对于人类文明及其赖以为生的树木来说，也没有边界。地中海地区的人类社会是由树根支撑起来的。宗教、艺术和文化都记住了这一点。

在亚伯拉罕诸教中，生命和光都是用橄榄枝或橄榄油来象征的。橄榄油的无限丰盛是耶路撒冷庙宇奇迹的生态基础，给我们带来了犹太人的光明节。耶稣成了基督（古希腊语为“khrīstós”），意即涂上橄榄油的人。《古兰经》中的真主之光就像一盏油灯，以一棵受祝福的油橄榄树的油为燃料，“即使没有点火，它的油也几乎能发光——光上之光”。《旧约》中毁灭性的洪水退去时，一只鸽子飞向诺亚，“瞧，她嘴里叼着一片摘下来的橄榄叶”——油橄榄生长的地方，生命就有可能。对古希腊人和古罗马人来说，油橄榄也是神圣之树，橄榄枝和橄榄油象征着丰饶和充裕。雅典娜送给雅典最伟大的礼物——第一棵油橄榄树——确立了她在那里的众神中至高无上的地位。奥运冠军头戴油橄榄的花环加冕。橄榄枝在当时和现在都是和平的象征。

这些图像如今也出现在油橄榄树没有生长的地方，算是一种源于地中海地区的文化迁移。英国皇家造币厂的许多金银硬币上都有不列颠尼亚女神手持橄榄枝的图案。美元钞票上的一只鹰用爪子抓住橄榄枝，而另一面的数字则被果实累累的橄榄枝缠绕。我们现代人可能会忘记我们对肥沃土地的依赖，但我们的货币提醒着我们繁荣的根基。值得注意的是，尽管许多传统纸币和硬币上都有树叶和树枝，但没有任何一种数字加密货币将树木或植被作为符号。数字加密货币目前主要通过大量使用化石燃料来“开采”，与树木等生物没有任何互惠关系。

油橄榄树不仅是和平、丰盛和神圣的隐喻或象征。在地中海地区以及其他地方，油橄榄树实际上也是生命和养分的起源和供给。如果没有人类和油橄榄树之间的互惠关系——共生关系，这些地区的人类生活将会贫乏、困难得多。

我低头凑近盛了橄榄油的碗，吸入美味的香气。我闻到了浸在淡黄油里的香草味，番茄叶子在指间摩擦迸发出的气味“火花”。在这些令人惬意的感觉背后，还有一丝苦涩的柏树气味。

在一碗橄榄油的有如天堂的气味中，我理解了树木传达的信息：圣物并非是从高处降临到我们身上的。和平与繁荣并非仅仅出自人类之手。生命的养分是从活生生的地球上升起的气味，是人类与树木卓有成效的同盟关系的结果。

XIII.
书

世界各地的书架

年代：约公元前2500年至今

BOOKS
Bookshelves worldwide

一次购物之行后回到家，我从书店的纸袋里拿出一本新书。我用拇指把书翻开，把鼻子凑近书页之间，吸气。甜蜜的气息扑面而来：明亮、浓烈，带有淡淡的木香。我又扇了扇书页，深深地探了探鼻子。这时的气味更强烈，新纸和油墨的温润与书脊中胶水的酸味相结合。之后，书中的文字将会——但愿如此——带给我愉悦，但最先的愉悦来自气味。我把这种愉悦留在家中。在书店里闻书让人觉得有点怪异或笨拙，一种私人趣味的公开曝光。不管怎样，有时候我还是会偷偷闻一闻，也许是一本大画册里照片的刺鼻味，或是一部厚重但纸薄的字典里的化学油墨味。

小时候，我遇到每本书都要用鼻子闻闻。这个习惯让我对书的气味有了一个非正式的层级排序。排在我的清单末尾的是用铜版纸印制的光滑的教科书。作为一个书呆子，我往往很喜欢它们的内容，但它们的纸张闻起来像炼油厂和漂白剂的混合体。这些气味很可能来自合成化学物质——聚乙烯、树脂或合成橡胶与矿物质的混合物，它们让纸张具有光泽，氯则将纸张漂白成瓷白色。当我坐在家里做作业时，这些隐约的、有毒的气味并没有引起鼻子长时间的探究兴趣，但这工业化的怪味儿仍然令人着迷。叫人打喷嚏的、破旧发霉的书同样排在榜尾，尽管从一卷真正破旧不堪的书中嗅到一丝气味的感觉极具诱惑。这些受潮的书很不幸，它们的气味特性已屈从于真菌王国。更高一级的书香之趣是崭新的廉价平装书。它们有一种明亮而简单的气味，干净的纸张衬托出清晰的底色，一种新锯过的干松木的醇香在混入了油墨香后变得更富活力。排名更靠前的是更昂贵的书籍，印在更厚、触感更好的纸上的精装书或平装书。这些书的气味与廉价平装书的相似，但更为复杂，调性更深沉：皮革、咖啡、烟，甚至还有一点臭鸡蛋或粪肥的味道。每本精装书都有不同的气味标签，所以打开这些书时，一定会有惊喜等着你。排在我的书香层级顶端的是非常古老的书，尤其是那些躺在温暖干燥的图书馆里不受打扰的书。我们家里几乎没有这样的书，所以我期待着在祖父母书架上的书中闻一闻。后来，当我上大学时，我一直在图书馆里寻找那些与新书比邻陈列的旧书。我会在书架前停下来，取出旧书，翻开书页，然后低下头吸气。烟熏的香草味。一丝黑暗、肥沃的土壤气味。锯末、杏仁和巧克力味。这些都是令人平静的感觉，仿佛这本书正将我从每天的喧嚣中拉出来，带到更深沉的时间和更广阔、安宁的视角。

成年后，书香的等级制仍然存在，然而有了一些补充。我发现旧平装书的气味不可预测，因此总是很有趣。你不妨试着把鼻子凑近一些这样的书中。我最喜欢的地方之一是滑铁卢桥下的露天南岸图书市场，那里的桌摊上满满摆着成千上万本书，是一个供读者和图书嗅闻者寻找气味多样性的交易中心。一些旧平装书中的香草味与大型图书馆里任何一本庄重的大部头书中的一样丰富。但其他的书，很可能是用低木质素含量的纸张印制的，只有尖酸的气味，就像洒了醋的松木板。相比之下，商业街书店里的新平装书闻起来不像以前木材味那么明显了，这反映了制浆技术的变化，漂白、消除木质素和去掉其他气味不适的分子的效率都提高了，同时也改善了纸张的适印性和表面品质。由于使用了气味更弱的热塑性塑料作为涂料，涂布纸的难闻气味如今在教室和办公室里已经不甚明显了。然而，用油印机手动印制的课堂讲义的香味也一同消失了，每一张印有紫色油墨的纸张都能让学生强烈感受到油墨中所携带的氟氯化碳和酒精。如今，书籍印刷机也大多使用大豆基油墨，而不是石油或橡胶基油墨，这是20世纪80年代的一项创新，可以减少有毒废气排放。

我成年后的书香体验也随着我喝茶和咖啡的习惯而改变。

小时候，我不会整天喝含咖啡因的热饮，因此与它们的气味几乎没有直接联系。现在，我闻到旧书的味道，就会想到咖啡馆和茶馆。这种提示并非巧合。咖啡和深发酵茶（以及巧克力）生产中的部分过程是要将木质素和纤维素固化、发酵或加热，还复制了纸张老化时的一些化学过程。从化学家的角度来看，一本旧书就像一杯泡得非常、非常好的茶或一块精制的黑巧克力。

玛雅·安吉洛（Maya Angelou）曾写文章记述她在童年访问图书馆时“在另一个世界中呼吸”①的经历。这种奇妙而自由的呼吸来自书本里的故事。对所有的读者来说也是如此，当我们读到纸张油墨承载着的来自其他时空的文字时，我们的思想也随之遨游。透过油墨和纸张本身的气味，我们与书籍的物理和生态根源相联系，我们也是“在另一个世界中呼吸”。

每个图书馆都有自己的气味特征。许多图书馆的大堂和

① 原文为“breathing in the world of...”，出自玛雅·安吉洛1969年出版的自传作品《我知道笼中鸟为何歌唱》（*I Know Why the Caged Bird Sings*）。玛雅·安吉洛（1928—2014），美国诗人、作家、教师、舞蹈家和导演，黑人女性文学传统构建者，20世纪美国最具影响力的女性作家之一。

阅览室充斥着地毯的烟味和成排的公共电脑的气味，带有热塑料和电子产品的刺鼻感，这正适合现在那些机构，它们的部分目标就是让所有人都能使用互联网。我记得小时候参观过伦敦市图书馆，感受到地毯、电脑和书籍混合的温暖气味，一种图书馆特有的气味。其他图书馆，尤其是老式大学的镶有木板的房间，有木抛光剂的气味，前厅中有新鲜报纸的油墨味。回到书堆中，图书馆被书籍的温暖气味所占据。没有灰尘，没有霉菌，只有成百上千万张被精心呵护的纸页缓缓散发气息到周围的环境中。在拥有最古老藏书的图书馆里，气味最令人愉悦。在这里，书页上记载着一个多世纪前的文字。这些古老的书籍用杏仁、香草和皮革的混合气息温暖着空气，而且带着淡淡的甜味，近乎花香。一种怡神与平静的气味。图书馆的其他位置也气味各异，存放平装小说的地方散发出灰尘和刺鼻的气味，存放陈旧光面纸期刊的地方散发出水果味和机油味混合的怪味。

图书馆里各种各样的气味表明，我们所说的“纸”是各种各样的物质的集合体。旧的造纸工艺无法清除木浆中所有的木质素（一种赋予木材内部强度的分子），也无法降低纸浆的酸度。因此，十九世纪的纸张老化迅速，很快就会变得又黄又脆。老旧的纸张也会释放出独特的气味，这是其特殊化学成分的产物。当氧气破坏木质素内部的化学键时，气味分子就会释放到空气中。纤维素也是如此，它是木材和纸张中的主要分子，在旧纸的酸性环境中会迅速分解。这些旧书散发出的气味分子包括杏仁味的糠醛、甜味的甲苯、刺鼻的甲醛和一些闻起来像香草的分子。除此之外，数十种其他分子还增添了几丝泥土、汗水或烟雾的气味。相比之下，在堆满新近著作的图书馆里，充斥的要么是使用未涂布纸的平装书散发出的无酸纸木质气味，要么是涂布纸的合成胶水、纸张涂料和油墨的刺鼻气味。

正如书页上的故事一样，书的气味也是多层次的。没有一种单一的分子能定义任何书的气味，无论是旧书还是新书。所有的书的“气味花束”都是混合的，层次丰富，只要我们低头对着书页吸气，就会被邀请进入一种复杂的感官体验中。这些气味表明，当纸张转化成气体时，书籍会缓慢降解。其中一些气体会加速这一变质的过程。酸性气体，如醋酸或甲醛气体，渗入其他书卷中，会加速纸张的化学分解。旧书的轻微气味是无害的，但久未通风的密封档案（拥有强烈的令人愉悦的旧书气味）则会加速老化。

不仅是图书馆让我们沉浸在旧书的气味中。和图书馆的档案区一样，古旧书店的气味也很丰富。店主们经常使用木制和皮革家具来营造合适的氛围，从而使气味更繁复。卖新近二手书的店则更加多样。在少数二手书店中，让人打喷嚏的灰尘和霉菌的迹象表明，一些书可能是从地下室和阁楼运到这里的，大量被旧主抛弃的文学作品现在准备去往新主人家里。在另一些二手书店中，我们嗅到了数千本平装书的混合气味，这些平装书纸张质量较差，正朝着它们的降解之旅迈出第一步：散发出旧松木木板和杏仁饼的混合气味，带有一丝类似干燥的黏土灰尘的泥土味。

在日本，二手书店的气味得到了官方认可。在日本环境省评选出的“100种好香味”排行榜上，东京神田区的二手书店的气味名列前茅，同时上榜的还有海藻店、古老的森林、梅花以及泡菜和鳗鱼等食物的气味。也许我们应该效仿日本人，把伦敦的南岸图书市场、大英图书馆和其他有重要意义的书香场所列入国家登记册？

英国制蜡供应公司克拉夫托维特（Craftovator）和位于俄勒冈州波特兰市的鲍威尔书店（Powell' s Books）尝试将书籍的气味体验装进瓶子中。用于蜡烛的"复古书店精油"提供"木质的西普调[1]香水味……皮革、佛手柑、青翠的叶子和温暖的柑橘味"。鲍威尔书店承诺它的"中性香水"可唤起的感觉是"一座书籍迷宫；秘密图书馆；古老的卷轴；还有哲人王喝的干邑酒"，这或许也是为了保持一点讽刺精神。从它们的"书店香水"瓶子里往我手腕上喷了一点，确实有一些书店那种皮革般的香草味，但随后就被花香掩盖了，就像一碗混合的鲜花放在一摞旧小说上。这个创新项目还建议每家书店都

---

① 西普调（Chypre）是一种香调组合，以柑橘、橡木苔、劳丹脂等香味为主要基调，随时代变化结构也有所调整。类似香调古已有之，不过真正与香水业联系起来，是源于现代香水业开创者弗朗索瓦·科蒂（François Coty）于1917年创作的一款名为"西普"的香水，因其经典，此后成为一种基础香调组合。"Chypre"在法语中指地中海的塞浦路斯岛，意指该香水原材料主要来自地中海国家。

应出售一款标志性的香水，就算不完美，也能提醒人们浏览书架的乐趣。从鲍威尔香水上市时的销售速度来看，这些产品也能有效地提高利润，帮助书店维持生意。“快递信封味香水”是否也能帮助不知名的在线零售商？这就不好说了。

我们的阅读习惯会给后代留下什么样的气味？虽然无酸、低木质素的纸张会比它们的前辈使用更长的时间，可能经过很多个世纪也不会明显变质，但它们的化学稳定性也意味着它们不会有现今旧书的气味。电子阅读器和平板电脑最多只能使用几十年，除了博物馆可能会保存几台，其他的都将加入我们文明留下的成堆电子垃圾中。很可能没人会从书架上拿出一台破旧的电子阅读器，仅仅为了吸入它古老的气味。这些设备的组件会降解，只会产生令人恶心或不快的塑化剂、焊料和电路板的气味。

可能还有另一种更具戏剧性和悲剧性的未来：火灾。1986年，一名纵火犯在洛杉矶中央图书馆的书堆里纵火。40万本书被烧毁。三百多名消防员花了七个多小时才将火扑灭。在火灾的核心位置，纸张燃起的火温度极高，燃烧的火焰清晰可见。在火灾外围，消防员与乌黑的烟雾、尚未燃尽的碎纸片、书皮、书架和家具残骸展开斗争。外面，在周围街区的城市人行道上，空气中弥漫着烧焦的纸张味。在馆外痛苦地目睹了这一切的图书管理员告诉作家苏珊·奥尔琳（Susan Orlean），他们还记得燃烧的缩微胶片发出的“糖浆般”的气味，以及燃烧的书籍碎片从天空飘落时发出的“心碎如灰”的气味。洛杉矶大火是图书馆火灾史上规模最大、最具戏剧性的例子。尤利乌斯·恺撒①在战争中烧毁了古亚历山大及其图书馆。1981年，佛教僧伽罗极端分子烧毁了贾夫纳公共图书馆，超过10万本书被毁，其中包括许多不可替代的印度教泰米尔语文书的唯一副本。意外火灾也夺走了许多图书馆。1731年，一场失控的壁炉大火烧毁了古文物和图书收藏家罗伯特·科顿爵士（Sir Robert Cotton）的图书馆，英国历史上最重要的一部分书籍和手稿藏品在这场火灾中严重受损，包括《大宪章》手稿、《林迪斯法恩福音书》、《贝奥武夫》手稿和一

---

① 盖乌斯·尤利乌斯·恺撒（Gaius Julius Caesar，公元前100—公元前44），古罗马政治家、军事家、历史学家。

些皇家书籍。1994年，诺里奇中央图书馆因电气故障起火，损失了10万册图书。2014年，格拉斯哥艺术学院麦金托什图书馆发生火灾，不仅烧毁了书籍，也烧毁了构建图书馆内部的古老的长叶松和鹅掌楸木，这是著名建筑师查尔斯·伦尼·麦金托什（Charles Rennie Mackintosh）最有名的建筑。很不幸，燃烧的书籍和木材的烟雾也是图书馆气味的一部分。

其他焚书行为是针对特定民族或思想的仇恨表现：几个世纪以来，反犹太教徒在欧洲焚毁犹太文书，纳粹将这种做法转变为国家政策。古罗马君士坦丁大帝下令烧毁异端书籍，历代宗教和政治狂热者也是如此。自从人类学会在纸莎草和纸上写字以来，书籍和卷轴就不断被烧毁。这种抹杀性的暴力有多种形式，都将人类的思想化为灰烬。

作家们也使用火的实际力量和象征力量让自己平静下来，要将自己写下的文字投入火焰。从弗兰茨·卡夫卡[①]到杰拉

---

① 弗兰茨·卡夫卡（Franz Kafka，1883—1924），奥地利作家，被誉为德语文坛成就最高的小说家之一，影响遍布全世界，被尊为现代派文学大师。卡夫卡临终前留下遗言，让挚友马克斯·布罗德（Max Brod）烧掉自己的日记、信件和作品手稿。

德·曼利·霍普金斯[1]，再到艾米莉·狄金森[2]，烟雾将文字"气化"。当我住在一座用燃木火炉取暖的房子里时，我发现燃烧自己的书的初稿的行为里，那种不可逆转的必然性令人满足。快速、明亮的火焰和刺激性烟雾把一页页不可救药的纠结文字变成了短暂而刺鼻的生活，尔后将它们抹除。

因此，烧纸的气味也提醒人们语言的短暂无常。在我们发明文字之前，所有的文字都存在于空气和呼吸中。纸烟不过是一种回归，有时是出于选择，更多的时候则是一种压迫行为。

无论是一本平装新书、一本古旧的大部头还是一本烧焦的手稿，书籍的气味告诉我们写作和阅读的物质性和感受性。在写下并分享我们的想法时，我们寻求超越自身的物质

---

① 杰拉德·曼利·霍普金斯（Gerard Manley Hopkins，1844—1889），英国诗人、罗马天主教徒及耶稣会神父，他在诗歌写作技巧上的变革对20世纪的主要诗人产生了重要影响。在进入耶稣会修会时，霍普金斯烧掉了他手头留有的自己所有的诗作。

② 艾米莉·狄金森（Emily Dickinson，1830—1886），美国诗人。她与同时代的惠特曼一同被奉为美国最伟大的诗人。狄金森临终前，曾要求妹妹将自己的书信全部烧掉。

的帮助，来帮助我们将彼此联系在一起。起初，这些物质是陶片或蚀刻的骨片。然后是纸莎草、桑树和破布。现在，为我们提供书籍的主要是树木。在这个“来世”中，树木继续着它们原先生命中的工作，比如呼吸、促成生物体间的对话、将社群团结成交流的网络。在森林中，树木是林地生物之间对话的生命枢纽，将植物、真菌、动物和微生物串联在一起。在书籍中，经过制浆和加工的树木对人类也有同样的作用，将我们团结在我们称之为文化的多样而丰硕的网络中。书籍的气味提醒我们，这种文化之所以可能，是因为我们与人类以外各种事物的关系。

打开一本书，闻一闻：文学是建立在与树木、造纸厂和油墨颜料的联系之上的。我们都在这世界中呼吸。

树的气味：六种实践

气味是树木的主要语言。它们用分子交谈，相互结盟，召唤真菌，斥责昆虫，对微生物低语。气味也是我们的原始语言，是一种与记忆和情感的直接联系，是维持最早一批动物细胞的交流网络的遗产。我们鼻腔中数以千万计的受体随时准备“倾听”，得以辨别芳香分子混合物之间的细微差异。我们的语言太过贫乏，无法对这种多样性进行分类，但我们的身体知道如何应对。尽管如此，我们的鼻子仍需要我们的帮助。有意识地去做——选择放慢自己的节奏，吸入并思量一种气味——使感官意识得以激活并绽放。

小时候，我的鼻子喜欢闻来闻去，流连于新印刷的报纸版面之间，凑到厨房的香料罐里面，悬游在鱼市场和奶酪店的货品上方，掠过炉子上的锅冒出的蒸汽，混入花园里的叶丛。后来，随着年龄的增长，我忘了以这种方式去感知世界。我的眼睛和耳朵纷纷宣示它们的至高无上。对于我们的文化来说，它们是占主导的。建筑的目的是取悦于人的眼睛。音乐则对应耳朵。互联网强化了这种预存的偏见，专横地消除了除视觉和听觉之外的所有感官。停下来闻一闻，就是要唤回我们人性的一部分，让嗅觉回到我们的身体里，与我们周围的生物联系起来。而且这也很有趣。

生长在科罗拉多州山区的一棵西黄松散发出浓郁、层次分明的气味，让我想起了童年生活。坐在树下，我重新意识到气味的愉悦，尤其是树木的各种气味，以及跟随我的鼻子而产生的有趣的好奇心。留意西黄松的层层气味，我感觉这种树的一部分已经流入我的体内，把它的故事寄托在我的身体里。从那以后，树的气味成为我的老师和向导。

每棵树都为我们提供了一种无言的感官体验，一种将人类的身体和意识与植物的内在世界联系在一起的纽带。这种邂逅的回报就已经足够了。但一种树的特殊气味同时也包含着过去和现在的故事。我们人类的审美体验是一扇门，通往树木的历史、生态以及树木与人类的文化联系。

当你闻树的气味时，试着用鼻孔深吸一口气，然后休息一会儿，换成短而尖的吸气方式。这两种方法会改变芳香分子撞击你的感官细胞的速度：缓慢的轻抚和剧烈的急流。这种组合开启了芳香层次的体验。以下是一些可供参考的实践方式，可以让你更好地适应树木的气味，成为一名“森林侍酒师”。我也建议你去寻找和分享你自己的实践方式。

实践一：在家里

把鼻子凑近家里的各种与树木相关的物品。把一杯茶端到鼻子前。茶树的叶子，有东亚山脉的气味。从四千多年前开始，野生的茶树至少被独立驯化了三次——两次是在中国，一次是在印度。我喝的茶的气味有着古老的根源，是几千年的选育留下的遗产。咖啡驯化的时间更短，可追溯至一千五百年前，原产于埃塞俄比亚西南部的高地、苏丹的博马高原和肯尼亚的马萨比特山。把拇指戳进柑橘的果皮中。浓烈的油香，足以震慑饥肠辘辘的昆虫；这种植物原产于喜马拉雅山麓。拧开肉桂罐头。是谁的双手剥去了铜色的肉桂树上的树皮？你的家里还有什么树的气味呢？枣子和油橄榄；铅笔屑；杏仁奶；家具木材，不过它们的气味被清漆盖住了；蜂蜜，充满了树蜜和花粉的气味记忆；金酒；枫糖浆。吸气，记住我们生活在森林之中，即使这个真相我们的眼睛看不见。

实践二：在家附近散步

寻找你家周围的树木的气味表现形式。让你的手也来帮忙。用指尖揉搓树叶和针叶。每种树的特点和个性是怎样的？是尖锐的还是葱郁的？会让人想起青草、海藻或香料吗？把手放在树皮上，感受它的质地，然后把脸贴近它。轻轻摩擦。树皮的缝隙里是什么气味？这棵树是在向这个世界强烈地宣示它内在的波澜，还是矜持地保守着它的个性，仅通过修剪的伤口或虫洞散发气味？刮风的时候，你闻到树的气味了吗？树木迎着风向天空散发着它们的气味，为云朵播种，将空气芬芳。到风中寻找树木的呼吸吧。下雨时，请记住，每一滴雨都是围绕一个小点凝聚而成的，这个小点通常是一团来自树木的气味分子。下雨时，走近公园、森林或街道上的树，吸入并吞下这由雨滴唤醒和提升的气味。

实践三：在你的书架上

首先，琢磨一下你的闻书技巧。诀窍是保持气味不受干扰，直到你准备好将其吸入鼻孔。抓住书脊顶部将书抽出，轻轻地将书本从书架上取下，确保书页保持闭合。然后，翻开书页，将你的鼻子埋入其中，吸入你手中的书页的美味气息。或者，如果你觉得这种潜水式的动作看起来太唐突，试着闭上鼻子，然后扇动书页。书页在空气中的快速运动激起一阵气味。就像一只扒在车窗外的狗获得一阵喜悦一样，我们的鼻腔也会产生一种强烈的感觉。多试几本书。你在每本书中检测到了怎样的油墨和纤维的混合气味？这些感觉对每一本书的来源和年龄有什么启示？挑选一堆五花八门的书，包括你身边所有的杂志和信件，然后按气味将其分类。哪种是你最喜欢的？如果出版商考虑他们作品的气味特征，你会有何建议？

实践四：穿越时空的气味

我们用树来定位我们自己。现在是一年中的什么时候？树叶、树液和树芽给了我们答案。我们身在何处？户外生长的树种会告诉我们：山坡上可以看到枫树，教堂院子里的红豆杉，公园里开紫花的蓝花楹，树篱里的山楂树和榛树，街道上幼年的悬铃木，或屋后粗壮的橡树。每种树都有适合自己的栖息地和位置，有时园艺师的工作会扩大它们的范围。让你的鼻子加入到这场寻地游戏中。当你穿越季节和这片土地时，让树木的信息进入你的血液。停下来，靠近并吸入它们的气味。勾勒一张不同季节的树木气味日历。每个月最具特色的树木气味是什么？当你旅行时，在日记中记下树木所揭示的信息。春天的树液会在叶子之前苏醒吗？山上的树木与低处的同类有不同的特征吗？夏末的干旱威胁着你附近街道上树木的生存，你从它们的树叶和树皮中闻到了什么？你能如何帮助它们？公园里春雨的气味与秋雨的气味不同吗？在这片土地上，有气味的律动和地图等着我们，它们就是树木的语言。

实践五：寻根溯源

树木的根源和人类的文化相互交织。树木是讲述我们关于起源、意义和生命的故事的中心。世界之树[①]梣树连接着北欧神话中的九个世界。亚伯拉罕宗教中的油橄榄；佛教中的菩提树；春天的梅花和樱花；冬至时节的冷杉枝；热带森林中高大的木棉树。树木生长在这些故事中，不仅是作为隐喻，而且也是在提醒人们，人类的生命总是与其他生物联系在一起的。与树木的感官联系让我们从内到外学到了这一课。你的

---

① 世界之树（Yggdrasill），也称“宇宙树”或“乾坤树”，音译“尤克特拉希尔”。在北欧神话中，此树高达天际，其枝干构成了世界总体，并从树上衍生出九个世界。

家庭和文化的故事中有哪些树？寻找这些故事，然后寻找关于这些树的亲身体验。把它们的故事带回到现实生活中。屏息、吸气、凝视并聆听它们。品味你的根源，然后挖掘其中的意义。在你的故事和仪式中，感官体验在生态和文化上有哪些融合？为了适应当下，我们可以将哪些新的仪式移植到这些古老的连接人与树的习俗和庆典中？

实践六：为他人讲述

在森林、城市街道或厨房里，我们能为我们的孩子和朋友指出哪些树的气味？我们讲述的故事和这些感官体验一道编织出了可作为指南的记忆。没有其他哪种感官能像气味一样让我们如此快速而深入地理解意义和情感。通过营造树木气味和人类情感交汇的机会，我们构建了强烈的记忆，使人类与人类之外的世界紧密联系。在一个山坡上，一位老师让学生们闻一闻土壤和松树皮，并理解土壤和树木的生命是一体的。在这座城市里，公园的气味与没有树的街道的气味形成对比，传达的信息是空气、植物和人类肺部的活力是紧密相连的。在炉灶旁，孩子学到了食物的乐趣来自植物和人之间联系的喜悦。烹饪是一门艺术，它将生态和文化引入一种令人满意的、赋予生命的关系中。在一个繁忙的街角，我们闻到城市中树木短暂的花香，明白森林无处不在，包围着我们。当你邀请朋友和家人嗅闻树木的气味时，你会分享什么故事?

通过邀请他人进入这些感官之乐，我们不仅能分享当下的快乐和好奇，也能给未来一份宝贵的礼物：关于树木和人类是如何联系在一起的记忆。在一个充满动荡变化和危机的世界里，今天的这些感官印象是集体记忆的原材料。我们之后的几代人没法对我们的时代有活生生的记忆。他们需要我们的故事。只要我们留意，我们就会有真实的故事可以讲述，这些故事建立在鲜活的、感性的关系之上，不受算法和中间人影响。

吸气，享受这种气味。苦心思考。把故事分享出去。

树的音乐

作曲家、小提琴家的后记

尽管戴维·哈斯凯尔关于树木气味的文章早在新冠肺炎疫情之前就已经构思好了，不过现在，对我来说，它们很好地提醒了我们，在阻隔我们如此长久的四面墙之外，还有什么在等着我们。扁平方框屏幕里的数字自由给我们带来了神奇的内容，让我们学会了奇妙又新鲜的远程连接方式，但我们的身体渴望更多。没有任何数字化产品能替代你在森林中或城市人行道上驻足的感官体验，正如不论镜头有多少倍变焦，也带不来孙辈的脸颊留在我们嘴唇上的温热触感，带不来与朋友笑声的完全共鸣。

当戴维问我是否愿意写一些短小的乐曲来配合他关于气味的文章时，我很高兴，甚至有些惶恐。虽然我一生都在演奏音乐，但写音乐总是让人望而生畏。不过将气味转化为音调、节奏和声音质感的想法还是很有吸引力。我一生都在敏锐地感知感官体验，不同于戴维那样如激光般精准地感知或细致入微地体察，我更像一个科学狂人（确切来说，炼金术的意味要浓于科学），将各种输入我头脑中的感官信息吸收、混合、分层、重组。我的体验是综合性的，声音对我来说是颜色，气味则近乎触觉。

不同的感官加入这场争夺注意力的混战，最终让我陷入半理性的模式，而这正是我拥抱世界的方式。然而在新冠疫情期间，我错过了我的身体以这种混乱、杂糅的方式吸纳这些感官体验的机会。这些短小的音乐作品给我提供了一个空间，让我可以利用感官素材获得一些乐趣。我个人对这些树的体验，加上戴维那些引人遐思的神奇文字，创造了一幅连接不同感官的路线图。我很惊讶，这些作品大都很快就创作出来了。

在我的生命中，我有数千个小时将枫树、云杉、乌木和红木以小提琴的形式抵靠在身体上。清漆和松香的气味一直伴随着我。我耳畔木材的共振给了我生计和自我意识。这些在几十年前或几百年前收获的树木，即使在我离开后很久，也将继续用声音美化这个世界，这想法总让我忍不住微笑。树木对我来说很重要。

这些散文中围绕着树木描述的气味是复杂的，从树木自身产生的气味，到人类为了与之竞争和融合而创造的气味。我用了各种各样的技巧来反映这种多样性——弓杆击弦（使用琴弓的杆而非弦来演奏）、在弓弦上涂抹松香、变格定弦（将弦调到不寻常的音调）、拨弦和近琴马奏（在靠近小提琴的琴马的位置拉弓）。其中有一些真正的曲调（夏日街头美食爱好者会在美洲椴那一节对应的音乐中听出来）和一些有意听上去很老旧的新曲调（澳大利亚山毛榉的年龄听起来是什么感觉？）。和谐与不和谐意味着舒适与不适，当然，并非总是如此。气味充满了丰富多彩的听觉可能性。我希望为听众提供一种倾听树木气味的方式，敞开家门，迎接无限的其他可能性。

凯瑟琳·莱曼

（你可以通过网址 https://soundcloud.com/katherinelehman/albums 和本书的英文有声书欣赏莱曼为本书13篇随笔演奏的小提琴作品。）

致 谢

这本书源于我在《萌发杂志》(*Emergence Magazine*)上发表的一篇文章，文章则源于我与艾曼纽尔·沃恩·李(Emmanuel Vaughan Lee)的一场对话。我要感谢艾曼纽尔，我们的合作以多种方式促成了这些以及其他的想法。同时，我也要感谢《萌发杂志》允许我将原先发表的文章加入到本书中。

感谢凯瑟琳·莱曼在与我探索树木香味的过程中洋溢

的热情和创造力。我的父母珍和乔治·哈斯凯尔（Jean and George Haskell）为这本书中的许多故事提供了极好的线索，他们比我更清楚地记得我小时候是个怎样的捣蛋鬼。苏珊娜·道尔顿（Suzanne Dalton）帮我厘清了多年前在她家捡拾欧洲七叶树种子的记忆，唐纳德·道尔顿（Donald Dalton）制作了我在书中提到过的玩具火车。与约瑟夫·博德利（Joseph Bordley）和玛丽安·廷德尔（Marianne Tyndall）的对话则让我对树木的气味有了新的认识。

我很高兴能与斯蒂芬妮·杰克逊（Stephanie Jackson）、凯特·亚当斯（Kate Adams）和他们在章鱼出版集团（Octopus Publishing Group）的同事们一起合作，他们拥有鼓舞人心的出版愿景，希望把关于人类以外世界的作品带给读者。我的经纪人爱丽丝·马特尔（Alice Martell）是一位出色的倡导者和向导。我要感谢爱丽丝代理公司（The Martell Agency）的斯蒂芬妮·芬曼（Stephanie Finman）提供的宝贵帮助，以及艾布纳·斯坦公司（Abner Stein）的凯斯宾·丹尼斯（Caspian Dennis）和桑迪·维奥莉特（Sandy Violette）的出色工作。

亲爱的读者，感谢你加入到这场树木气味的探索之旅中。在我们的表亲树木的帮助下，愿你的鼻子带给你欢乐、好奇和惊喜。

参考资料

Abel, E L, 'The gin epidemic : much ado about what?' in *Alcohol and Alcoholism* (2001), 36 (5), 401—405

Achan, J, Talisuna, A O, Erhart, A, Yeka, A, Tibenderana, J K, Baliraine, F N, Rosenthal, P J & D' Alessandro, U, 'Quinine, an old anti-malarial drug in a modern world : role in the treatment of malaria' in *Malaria Journal* (2011), 10 (1), 1—12

Alejo-Armijo, A, Altarejos, J & Salido, S, 'Phyto- chemicals and biological activities of laurel tree (*Laurus nobilis*)' in *Natural Product Communications* (2017), 12 (5), 1934578X1701200519

Andela, N, Morton, D C, Giglio, L, Chen, Y, van der Werf, G R, Kasibhatla, P S, DeFries, R S, Collatz, G J, Hantson, S, Kloster, S, Bachelet, D, Forrest, M, Lasslop, G, Li, F, Mangeon, S, Melton, J R, Yue, C & Randerson, J T, 'A human-driven decline in global burned area' in *Science* (2017), 356 (6345), 1356—1362

Atkinson, N, 'Ash dieback: one of the worst tree disease epidemics could kill 95% of UK's ash trees', in *The Conversation* (2019), https://theconversation.com/ ash-dieback-one-of-the-worst-tree-disease- epidemics-could-kill-95-of-uks-ash-trees-116567

Beaumont, P B, 'The edge: More on fire-making by about 1.7 million years ago at Wonderwerk Cave in South Africa' in

Current Anthropology (2011), 52 (4), 585—595

Bembibre, C, & Strlič, M, 'Smell of heritage : a framework for the identification, analysis and archival of historic odours' in *Heritage Science* (2017), 1—11

Berna, F, Goldberg, P, Horwitz, L K, Brink, J, Holt, S, Bamford, M & Chazan, M, 'Microstratigraphic evidence of in situ fire in the Acheulean strata of Wonderwerk Cave, Northern Cape province, South Africa' in *Proceedings of the National Academy of Sciences* (2012), 109 (20), E1215—E1220

Besnard, G, Khadari, B, Navascués, M, Fernández-Mazuecos, M, El Bakkali, A, Arrigo, N, Baali-Cherif, D, Bronzini de Caraffa, V, Santoni, S, Vargas, P & Savolainen, V, 'The complex history of the olive tree : from Late Quaternary diversification of Mediter- ranean lineages to primary domestication in the northern Levant' in *Proceedings of the Royal Society B:Biological Sciences* (2013), 280 (1756), 20122833

Beeton, I, *The Book of Household Management* (1861), www.gutenberg.org/cache/epub/10136/pg10136.html

Besnard, G, Terral, J F & Cornille, A, 'On the origins and domestication of the olive: a review and perspectives' in *Annals of Botany* (2018), 121 (3), 385—403

Black, C, Tesfaigzi, Y, Bassein, J A & Miller, L A, 'Wildfire smoke exposure and human health: significant gaps in research for a growing public health issue' in *Environmental Toxicology and Pharmacology* (2017), 55, 186—195

Blomquist, G J, Figueroa-Teran, R, Aw, M, Song, M, Gorzalski, A, Abbott, N L...& Tittiger, C, 'Pheromone production in bark beetles' in *Insect Biochemistry and Molecular Biology* (2010), 40 (10), 699—712

Brittingham, A, Hren, M T, Hartman, G, Wilkinson, K N, Mallol, C, Gasparyan, B & Adler, D S, 'Geochemical evidence for the control of fire by Middle Palaeolithic hominins' in *Scientific Reports* (2019), 9 (1), 1—7

Bundjalung-Yugambeh Dictionary. 'Beech/Waygargah' https://bundjalung.dalang.com.au/language/ view_word/4623

Bundjalung-Yugambeh Dictionary. 'The Bundjalung Dictionary' https://bundjalung.dalang.com.au/plugin_ wiki/page/dictionary

Bushdid, C, Magnasco, M O, Vosshall, L B & Keller, A, 'Humans can discriminate more than 1 trillion olfactory stimuli' in *Science* (2014), 343 (6177), 1370—1372

Cárdenas-Rodríguez, N, González-Trujano, M E, Aguirre-Hernández, E, Ruíz-García, M, Sampieri, A, Coballase-Urrutia, E & Carmona-Aparicio, L, 'Anticonvulsant and antioxid anteffects of *Tilia americana* var. *mexicana* and flavonoids constituents in the pentylenetetrazole-induced seizures' in *Oxidative Medicine and Cellular Longevity* (2014), 2014, 329172

Chiu, C C, Keeling, C I & Bohlmann, J, 'Toxicity of pine monoterpenes to mountain pine beetle' in *Scientific Reports*

(2017), 7 (1), 1—8

Cincinelli, A, Martellini, T, Amore, A, Dei, L, Marrazza, G, Carretti, E, Belosi, F, Ravegnani, F & Leva, P, 'Measurement of volatile organic compounds (VOCs) in libraries and archives in Florence (Italy)' in *Science of the Total Environment* (2016), 572, 333—339

Coffey, G, 'Beer Street: Gin Lane. Some views of 18th-century drinking' in *Quarterly Journal of Studies on Alcohol* (1966), 27 (4), 669—692

Constabel, C P, Yoshida, K & Walker, V, 'Diverse ecological roles of plant tannins: plant defense and beyond' in *Recent Advances in Polyphenol Research* (2014), 4, 115—142

Craftovator. Vintage Bookstore Fragrance, https:// www.craftovator.co.uk/candle-making/vintage- bookstore-fragrance-oil/

Crane, P R, *Ginkgo: the Tree that Time Forgot* (2013), Yale University Press: New Haven

Croft, D P, Cameron, S J, Morrell, C N, Lowenstein, C

J, Ling, F, Zareba, W, Hopke, P K, Utell, M J, Thurston, S W, Chalupa, D, Thevenet-Morrison, K, Evans, K A & Rich, D Q, 'Associations between ambient wood smoke and other particulate pollutants and biomarkers of systemic inflammation, coagulation and thrombosis in cardiac patients' in *Environmental Research* (2017), 154, 352—361

Del Tredici, P, 'Wake up and smell the ginkgos' in *Arnoldia* (2008), 66, 11—21

Fenech, A, Strlič, M, Cigić, I K, Levart, A, Gibson, L T, de Bruin, G, Ntanos, K, Kolar, J & Cassar, M, 'Volatile aldehydes in libraries and archives' in *Atmospheric Environment* (2010), 44 (17), 2067—2073

Fitzky, A C, Sandén, H, Karl, T, Fares, S, Calfapietra, C, Grote, R, Saunier, A & Rewald, B, 'The interplay between ozone and urban vegetation— BVOC emissions, ozone deposition, and tree ecophysiology' in *Frontiers in Forests and Global Change* (2019), 2, 50

Goss, A, 'Building the world's supply of quinine: Dutch colonialism and the origins of a global pharmaceutical industry' in *Endeavour* (2014), 38 (1), 8—18

Haack, R A, Jendak, E, Houping, L, Marchant, K R, Petrice, T R, Poland, T M & Ye, H, 'The emerald ash borer: a new exotic pest in North America' in *Newsletter of the Michigan Entomological Society* (2002), 47, 1—5

Hansell, A, Ghosh, R E, Blangiardo, M, Perkins, C, Vienneau, D, Goffe, K, Briggs, D & Gulliver, J, 'Historic air pollution exposure and long-term mortality risks in England and Wales: prospective longitudinal cohort study' in *Thorax* (2016), 71 (4), 330—338

Hubbard, T D, Murray, I A, Bisson, W H, Sullivan, A P, Sebastian, A, Perry, G H, Jablonski, N G & Perdew, G H, 'Divergent Ah receptor ligand selectivity during hominin evolution' in *Molecular Biology and Evolution* (2016), 33

(10), 2648—2658

Hussain, A, Rodriguez-Ramos, J C & Erbilgin, N, 'Spatial characteristics of volatile communication in lodgepole pine trees: evidence of kin recognition and intra-species support' in *Science of the Total Environment* (2019), 692, 127—135

Kikut-Ligaj, D & Trzcielińska-Lorych, J, 'How taste works: cells, receptors and gustatory perception' in *Cellular and Molecular Biology Letters* (2015), 20 (5), 699—716

Kiyomizu, T, Yamagishi, S, Kume, A & Hanba, Y T, 'Contrasting photosynthetic responses to ambient air pollution between the urban shrub *Rhododendron × pulchrum* and urban tall tree *Ginkgo biloba* in Kyoto city: stomatal and leaf mesophyll morpho-anatomies are key traits' in *Trees* (2019), 33 (1), 63—77

Lamorena, R B & Lee, W, 'Influence of ozone concentration and temperature on ultra-fine particle and gaseous volatile organic compound formations generated during the ozone-initiated reactions with emitted terpenes from a car air freshener' in *Journal of Hazardous Materials* (2008), 158(2—3), 471—477

Lamy, E, Pinheiro, C, Rodrigues, L, Capela-Silva, F, Lopes, O, Tavares, S & Gaspar, R, 'Determinants of tannin-rich food and beverage consumption : oral perception vs. psychosocial aspects' in *Tannins : Biochemistry, Food Sources and Nutritional Properties* (2016), (29—58). Nova Science Publishers : Hauppage

LittleTrees.com, 'About us', www.littletrees.com/about

Medieval manuscripts blog, 'Fire, Fire! The Tragic Burning of the Cotton Library', 23 October 2016, https://blogs.bl.uk/digitisedmanuscripts/2016/10/fire-fire-the-tragic-burning-of-the-cotton-library.html

Naeher, L P, Brauer, M, Lipsett, M, Zelikoff, J T, Simpson, C D, Koenig, J Q & Smith, K R, 'Woodsmoke health effects : a review' in *Inhalation Toxicology* (2007), 19 (1), 67—106

Nevo, O, Razafimandimby, D, Jeffrey, J A J, Schulz, S & Ayasse, M, 'Fruit scent as an evolved signal to primate seed dispersal' in *Science Advances* (2018), 4 (10), eaat4871

Orlean, S, *The Library Book* (2019), Simon & Schuster : New York

Parliment, T H, 'Characterization of the putrid aroma compounds of *Ginkgo biloba* fruits', AGRIS (1995)

Pearce, F, 'People today are still dying early from high 1970s air pollution' in *New Scientist* (2016), https:// www.newscientist.com/article/2076728-people- today-are-still-dying-early-from-high-1970s-air- pollution/

Philip, K, 'Imperial science rescues a tree : global botanic networks, local knowledge and the transcontinental transplantation of *Cinchona*' in *Environment and History* (1995), 1 (2), 173—200

Puech, J L, Feuillat, F & Mosedale, J R, 'The tannins of oak heartwood : structure, properties, and their influence on wine f lavor' in *American Journal of Enology and Viticulture* (1999), 50 (4), 469—478

Rees-Owen, R L, Gill, F L, Newton, R J, Ivanović, R F, Francis, J E, Riding, J B & dos Santos, R A L, 'The last forests on Antarctica : reconstructing f lora and temperature from the Neogene Sirius Group, Transantarctic Mountains' in *Organic Geochemistry* (2018), 118, 4—14

Rodríguez, A, Alquézar, B & Peña, L, 'Fruit aromas in mature f leshy fruits as signals of readiness for predation and seed dispersal' in *New Phytologist* (2013), 197, 36—48

Rodríguez-Sánchez, F & Arroyo, J, 'Reconstructing the demise of Tethyan plants : climate-driven range dynamics of *Laurus* since the Pliocene' in *Global Ecology and Biogeography* (2008), 17 (6), 685—695

Sämann, J, US Patent No.2, 757, 957A (1956),

Washington, DC : US Patent and Trademark Office

Sämann, J, US Patent No.3, 065, 915A (1962), Washington, DC : US Patent and Trademark Office

Schraufnagel, D E, Balmes, J R, Cowl, C T, De Matteis, S, Jung, S H, Mortimer, K & Wuebbles, D J, 'Air pollution and noncommunicable diseases : a review by the Forum of International Respiratory Societies' Environmental Committee, Part 2 : Air pollution and organ systems' in *Chest* (2019), 155 (2), 417—426

Seybold, S J, Huber, D P, Lee, J C, Graves, A D & Bohlmann, J, 'Pine monoterpenes and pine bark beetles : a marriage of convenience for defense and chemical communication' in *Phytochemistry Reviews* (2006), 5 (1), 143—178

Sheil, D, 'Forests, atmospheric water and an uncertain future : the new biology of the global water cycle' in *Forest Ecosystems* (2018), 5 (1), 1—22

Shimada, T, 'Salivary proteins as a defense against dietary tannins' in *Journal of Chemical Ecology* (2006), 32 (6), 1149—1163

Smallwood, P D, Steele, M A & Faeth, S H, 'The ultimate basis of the caching preferences of rodents, and the oak-dispersal syndrome: tannins, insects, and seed germination' in *American Zoologist* (2001), 41 (4), 840—851

Smith, R, 'Xylem monoterpenes of pines: distribution, variation, genetics, function' in *Gen. Tech. Rep. PSW-GTR-177* (2000), Albany, CA: Pacific Southwest Research Station, United States Forest Service

Strlič, M, Thomas, J, Trafela, T, Cséfalvayová, L, Kralj Cigić, I, Kolar, J & Cassar, M, 'Material degradomics: on the smell of old books' in *Analytical Chemistry* (2009), 81 (20), 8617—8622

Taban, A, Saharkhiz, M J & Niakousari, M, 'Sweet bay (*Laurus nobilis L.*) essential oil and its chemical composition, antioxidant activity and leaf micro- morphology under different extraction methods' in *Sustainable Chemistry and Pharmacy* (2018), 9, 12—18

Thomas, P A, Alhamd, O, Iszkuło, G, Dering, M & Mukassabi, T A, 'Biological flora of the British Isles: Aesculus hippocastanum' in *Journal of Ecology* (2019), 107 (2), 992—1030

Times (London), 'Goods imported into the Port of London from Tuesday Jan 24th, to Tuesday the 31st of Jan', Issue 349, 6 February 1786

Trimmer, C, Keller, A, Murphy, N R, Snyder, L L, Willer, J R, Nagai, M H, Katsanis, N, Vosshall, L B, Matsunami, H & Mainland, J D, 'Genetic variation across the human olfactory receptor repertoire alters odor perception' in *Proceedings of the National Academy of Sciences* (2019), 116 (19), 9475—9480

United Kingdom Department for Environment, Food and Rural

Affairs, 'National Statistics : emissions of air pollutants in the UK— summary', www.gov.uk/ government/statistics/ emissions-of-air-pollutants/ emissions-of-air-pollutants-in-the-uk-summary

Vohra, K, Vodonos, A, Schwartz, J, Marais, E A, Sulprizio, M P & Mickley, L J, 'Global mortality from outdoor fine particle pollution generated by fossil fuel combustion : results from GEOS-Chem' in *Environmental Research* (2021), 195, 110754

Vu, T P, Kim, S H, Lee, S B, Shim, S G, Bae, G N & Sohn, J R, 'Nanoparticle formation from a commercial air freshener at real-exposure concentrations of ozone' in *Asian Journal of Atmospheric Environment* (2011), 5 (1), 21—28

Walker, K, & Nesbit, M, 'Just the tonic : a natural history of tonic water', Kew Publishing online (19 October 2019), www.kew.org/read-and-watch/ just-the-tonic-history

Waring, M S, Wells, J R & Siegel, J A, 'Secondary organic aerosol formation from ozone reactions with single terpenoids and terpenoid mixtures' in *Atmospheric Environment* (2011), 45 (25), 4235—4242

Wettstein, Z S, Hoshiko, S, Fahimi, J, Harrison, R J, Cascio, W E & Rappold, A G, 'Cardiovascular and cerebrovascular emergency department visits associated with wildfire smoke exposure in California in 2015' in *Journal of the American Heart Association* (2018), 7 (8), e007492

Wollenweber, E, Stevens, J F, Dörr, M & Rozefelds, A C, 'Taxonomic significance of f lavonoid variation in temperate species of *Nothofagus' in Phytochemistry* (2003), 62 (7), 1125—1131

World Health Organization, 'Household air pollution and health', 8 May 2018, https://www.who.int/ news-room/fact-sheets/detail/household-air- pollution-and-health

Wrangham, R, 'Control of fire in the Paleolithic : evaluating the cooking hypothesis' in *Current Anthropology* (2017), 58 (S16), S303—S313

Wu, G A, Terol, J, Ibanez, V et al, 'Genomics of the origin and evolution of *Citrus*' in *Nature* (2018), 554 (7692), 311—316

关于作曲家

凯瑟琳·莱曼是一位小提琴家、艺术领袖和教育家，她为音乐开创了一种新的愿景，将音乐作为通向公平和联结的途径。从人类到古老的森林树木，她让我们倾听前所未闻的故事，丰富我们的精神世界。作为博尔德爱乐乐团的执行总监，她要求音乐家们首先要去倾听，并为了发展社区、增强社区力量而创作音乐，她因此而闻名全国。她获得美国国家艺术基金会、美国著作权协会和美国管弦乐团联盟颁发的奖项。她曾任教于田纳西州塞沃尼南方大学，还担任过塞沃尼夏季音乐节的负责人。她是一位多产的演奏家和录音艺术家，她的录音作品包括专辑、电影和电子游戏。莱曼曾就读于伊斯曼音乐学院和西北大学。

关于作者

戴维·哈斯凯尔是一位作家及生物学家，他善于将科学、诗意和对生物世界的关注融入写作中，并因此闻名。他先前的两本书《看不见的森林》(*The Forest Unseen*)和《树木之歌》(*The Songs of Trees*)荣获了诸多奖项，包括美国国家科学院最佳图书奖、普利策非虚构奖决选入围、里德环境写作奖、国家户外图书奖、艾里斯图书奖和约翰·巴勒斯奖章。他生于伦敦，长于法国，在过去的30年里，他一直生活于美国各地，包括田纳西州、科罗拉多州和纽约，并在每个地方的树木中寻找新的气味之趣。哈斯凯尔获得牛津大学学士学位和康奈尔大学博士学位。他是古根海姆学者，也是田纳西州塞沃尼南方大学教授。你可以通过他的个人主页（www.dghaskell.com）或社交媒体账号（Twitter@DGHaskell，Instargam&Facebook@davidegorgehaskell）等方式联系他。